大單

促成天價保單的秘訣

周榮佳　主編

商務印書館

大單 —— 促成天價保單的秘訣

主　　編　周榮佳

作　　者　周榮佳　張蕾　崔雲飛　鄔咪娜　李郢竹　劉名言　豐燁

化妝造型　Miu Fung make up and professional image

封面題籤　小醉 Arco Lee

封面攝影　鄧福彬 @ I photo Studio

責任編輯　甄梓祺

封面設計　趙穎珊

出　　版　商務印書館 (香港) 有限公司
　　　　　香港筲箕灣耀興道 3 號東滙廣場 8 樓
　　　　　http://www.commercialpress.com.hk

發　　行　香港聯合書刊物流有限公司
　　　　　香港新界荃灣德士古道 220-248 號荃灣工業中心 16 樓

印　　刷：美雅印刷製本有限公司
　　　　　九龍觀塘榮業街 6 號海濱工業大廈 4 樓 A 室

版　　次：2020 年 10 月第 1 版第 1 次印刷
　　　　　2020 年 11 月第 1 版第 2 次印刷
　　　　　2020 年 11 月第 1 版第 3 次印刷
　　　　　© 2020 商務印書館 (香港) 有限公司
　　　　　ISBN 978 962 07 5865 2
　　　　　Printed in Hong Kong

目錄

第一章 TOT 方程式

—— Wave Chow

心態 和 接洽 篇

第二章 個案 1 學會站在巨人的肩膀上

—— Mina Wu

概念篇

第六章　個案5　**如何與身價上億的客戶做朋友？**

　　— Effy Feng

第七章　個案6　**高淨值人士必須懂的保單技巧**

　　— Maryanne Liu

第八章　個案7　**高端醫療險及教育儲蓄的**
One Time Closing

　　— Jasmine Li

主編序

周榮佳 Wave Chow

1997 年於香港理工大學電子工程系畢業後，首份工作便毅然轉行成為財務策劃顧問。周先生積極進取，不斷持續進修，不足 30 歲已考獲 CFP^{CM}，至今已擁有 15 個專業資格，成為多料財務策劃師及 NLP 高級執行師。

周先生獲獎無數，2000 年獲得 HKMA 全港傑出年青推銷員大獎 OYSA，於入行年多後更成為 MDRT 會員，並於金融海嘯衝擊下在 2009 年取得 MDRT 終身會員資格。其後更獲 CIA500、IDA、GAMA 頒發世界華人保險 500 強團隊雙冠會員、優秀主管白金獎和最高管理成就獎 MAA 等大獎，更於 2019 年及 2020 年分別被新加坡媒體 Asia Advisers Network 評選為年度亞洲最佳保險領袖及年度亞洲最佳數碼化領袖。

演而優則導，周先生旗下團隊人數近 400 人，成員平均年齡為 31 歲，96% 成員擁有大學，70% 成員擁有研究生或以上學歷。於 2016 年團隊 MDRT 會員比率更達到前無古人的 100%，COT 和 TOT 更佔 38.7%，可謂銀河艦隊。

多年來周先生除為香港《信報》、《經濟一週》和 Etnet 撰寫專欄外，其著作《打造 100% MDRT 團隊 —— 絕密關鍵》和《銷魂》更榮登商務印書館及誠品暢銷書榜。周先生還經常獲邀為海內外機構分享，講題多元化，涉及財務策劃、投資、推銷、營銷、服務、激勵、形象及人際溝通技巧等等。十年間演講次數達 400 多場，受眾超過 70,000 人次，是一位極受歡迎和富經驗的講者。

寫完《銷魂》後，我說過起碼要休息兩年。誰知被某讀者刺激：「Wave 你那本《銷魂》好像只教人撿石仔（做小單），其實你懂不懂簽大保單？」

我我我我不懂！？

就是這樣，一時衝動又忙起來了。

這一次聯同團隊六位大單神、聖、王、后、霸、俠一起出書！新書書名《大單》！是否很簡單、直接、粗暴呢？

第一次與人合作出書，還要六個人這麼多，本來擔心有很多事要費神協調，但可能我們是同事，早已有默契，所以除了大家對自己在封面上的樣子及身形有很多意見外，我們只開了兩次線上會議。第一次會議大家把自己的個案分享出來，我發現當任何一位作者分享自己的個案和技巧時，其他作者也很認真做筆記，就這樣不經不覺近 4 小時的會議便完結了，會後大家都很期待看其他作者的作品。

　　繼第一本書《打造 100% MDRT 團隊 —— 絕密關鍵》與讀者分享團隊管理，而第二本書《銷魂》主要與有興趣了解保險行業至入行兩年的朋友分享銷售心態和技巧。

　　這次《大單》內容圍繞「1 條方程式、6 個提升平均額度要訣、6 個一次簽單關鍵問題、11 個真實改編大單個案、16 種客戶的必勝攻略」。大部分內容以故事形式，帶出促成大額保單的思維、接洽、銷售點子，以及處理異議和成交的方法與技巧。內容涵蓋 CRS、信託、傳承、資產配置、保費融資等。希望《大單》能成為幫助同業們打開高淨值資產市場的鑰匙。

　　很高興是次能夠與商務印書館出版社合作，更感謝編輯 Kelvin 的照顧。希望大家喜歡《大單》，也祝福大家身體健康，天天簽大單！

序 1 人生不設限

張蕾 Lily Zhang

- 經濟學碩士、管理學博士
- 曾於內地某全國性媒體擔任記者、編輯、主任編輯 10 餘年
- 2010 年 10 月來到香港,曾擔任某國際媒體特約記者,以及再保險公司分析師。
- 2014 年 11 月加入壽險行業
- MDRT 全球百萬圓桌會會員、AFP 財務策劃師、沃晟法商金牌顧問

　　從碩士畢業並投身工作後,我從沒想過會加入保險公司當財務策劃師。在北京擔任記者及編輯多年,並攻讀博士學位之後,一切的發展軌跡和道路似乎已經確定,就是當一名專業、具影響力的傳媒人。

　　然而,一切在 2010 年夏天改變。

　　因為先生轉到香港工作,我隨之也攜子到港探親,三個月探親卻變成一年居留,

之後一年又一年，直到現在已經十年有餘。

從事財務策劃師工作，偶然中也有必然。過往的標籤和經歷並不意味着一切，不給自己設限，勇敢面對現實，才有可期待的未來。

大女兒滿 1 歲時，我到一間再保險公司當分析師，使得我有機會了解保險行業，並逐漸從陌生到認同，直至被財務策劃師的發展前景所吸引。

這份工作，和我之前從事的媒體行業相似，都是和人打交道，而我正擅長和不同類型的人交流，並找到他們的特質和關注點；我擁有的經濟學、管理學的知識基礎，也使我更容易掌握財務策劃師的工作並深入思考，做到「人無我有、人有我優」；靈活的工作方式，具有很大空間可以供自己發揮，還可以滿足我作為「仨娃媽媽」對於彈性時間的需要。

最吸引我的，是當一名頂尖財務策劃師，可以透過良好的風險管理理念，為身邊人帶來更平穩、富足的未來。這正是我一直以來的情懷所在，因此希望可以把它當作一份事業。

人到中年轉行，並不容易。幸運的是，我趕上了香港保險業繁榮發展的好時候，更幸運的是遇到了極具眼光和前瞻性的

保險業精英領袖周榮佳（Wave），以及一眾志同道合的同事。從加入 Wave 團隊以來，我得以在一個最專業的系統裏學習和提升，整合自己過往的知識和經驗，並組建自己的團隊。

我深知，幫助自己的唯一方法就是幫助別人。我很高興自己可以在這五年的財務策劃行業中，幫助客戶建立健全的家庭風險防護網；我也很開心可以在 2019 年，幫助新入行的同事做好億元的財富傳承保單。特別感謝客戶的信任、同事的支持，以及感謝 Wave 的帶領。

很驕傲在來到香港十年之後，我並未因環境的改變以及養育三個子女而失去自己，反而在事業上有所發展。榮幸可以和幾位精英同事一起撰寫《大單》，願讀者可以從中有所收穫。同樣的，願大家不為自己的人生設限，擁有富足未來。

序 2 成功非偶然 做好售後是關鍵

崔雲飛 Winson Cui

2006 年加入保險業，現職區域經理

專業資格：

- 工商管理碩士（MBA）
- 認證財務顧問師（RFC®）
- 沃晟法商金牌顧問

成就：

- 連續 12 年獲 MDRT，現在是百萬圓桌終身會員（MDRT Life Member）
- 2015 年全球百萬圓桌會頂尖會員（TOT）
- 2016-2017 年全球百萬圓桌會超級會員（COT）
- 2017 年美國 MDRT 年會分享嘉賓
- 2020 國際銅龍（IDA）優秀主管獎
- 2020 優質經理大獎（QMA）
- 香港優質理財顧問大獎（QAA）
- GAMA IMA (Gold)

當聽到老闆 Wave 邀請我執筆寫書，分享我的銷售故事之時，我真的有點受寵若驚。最初擔心我的文筆不好，但知道 Wave 旗下有很多銷售很出色的同事，我能夠得到他欣賞邀約，是一件十分光榮的事，所以也鼓氣勇氣，答應了這個邀請。

不經不覺在保險業已有 14 個年頭，托賴也有不俗成績，曾獲很多保險銷售人員夢寐以求的 MDRT、COT 及 TOT 殊榮。回想當年我在香港讀書，甚麼人脈也沒有，入行時也沒想過有現在的成就。但世事十分奇妙，加入保險業讓我有幸接觸到社會上很多有地位的人，亦讓我可以做從未想過的事，包括出任上市公司的獨立董事。

這機遇不但讓我成功走進高端客戶圈，亦獲得不少促成大額保單的機會，把我的事業推向高峰。但我想說的是，機會不會經常出現，所以一出現，大家必須好好把握，不要輕視，讓機會白白流走。我自己在簽單時，也非順風順水，但我會堅持、積極跟進、認真對待，最終成功簽到大單。

除了堅持，成功理財顧問一定要做好售後服務。我看過很多保險從業員，花很多時間在售前服務，客人簽單前便經常約他，但簽單後便不再理會客人。然而，售後服務才是競爭力發揮的開始。舊客戶滿意你的服務，便有可能加單，還會向你推

薦身邊的朋友。而且，由舊客戶介紹的新生意，遇到的障礙較少，簽單的成功率更高。

我加入保險業，除了最初幾年積極開拓新客戶外，之後都重點做售後服務。我現在的客戶中，有 95% 都是舊客戶介紹，已經沒有時間再去找新客。所以售後做得好，就不愁沒有生意。而且很多時，大單都是來自滿意售後服務的客人。試想，一個陌生人怎會讓你管理數十萬美元以上的資產，必定先給你一張小單，看你的服務怎樣，覺得你可信賴才給你大單。

所以我今次特別挑選兩個個案，其中一個是我如何簽到百萬美元保單的經歷，另一個是如何從售後服務發掘更多生意機會。我會把兩個個案的成功心得，毫無保留地跟大家分享，希望同業能夠受用。

最後，今次寫書，讓我有機會可以靜下來，回顧過去工作的點滴，好好整理我的成功經驗，同時亦反思有甚麼地方可以做得更好，實在是一個難得的體驗。在此我要非常感謝這麼多年來一直支持和信任我的客戶和朋友們，感謝我事業的領路人閔榮（Maggie）女士，也再次感謝老闆 Wave 給了我這次寶貴的機會。

序 3　十週年的禮物

鄔咪娜 Mina Wu

　　2010 年香港大學理學碩士畢業，毅然加入保險業，現職資深分區經理。抱着持續進修、不斷成長的態度，入行五年實現業績 22 倍的增長，不足 30 歲就考獲 CFP 認證財務策劃師、CPB 認證私人銀行家、沃晟法商金牌顧問等專業資格。

　　連續七年獲得 MDRT 會員資格 (其中一年 Double TOT，四年 COT)，2017 年受邀成為香港 LUA 百萬圓桌日主場講師，連續七年香港 LUA 優質顧問大獎 QAA，2019 香港 LUA 宣傳大使，國際龍獎 IDA (銀龍獎)。組建團隊後兩年內獲得 GAMA 管理發展獎 FLA (Diamond)，以及管理卓越獎 IMA (Gold) 等多項殊榮。

　　2020 年是我從學校畢業步入社會的第十個年頭，也是我加入保險行業的十週年，在這樣一個里程碑式的年份，可以跟大老闆和幾位優秀的同事一起撰寫《大單》，對我來說是特別有紀念意義的。

　　保險是我的第一份工作，還記得畢業時青澀的自己，因為不太會跟人打交道，抱着學習的心態，希望能快速加強溝通和交際能力而選擇入行。以「零人脈、零基礎」的艱難模式開啟這份事業，憑藉着「別人能行，我也能行」的積極心態，從一開始服務學生客戶到之後的中產專業人士，再到上市公司主席，一步步走來不斷成長、突破，更在 2016 年實現單一年份完成 12 個 MDRT 的業績。過程中的酸甜苦辣甚是精彩，也讓我愈發喜歡一句話：「人生沒有白走的路，每一步都算數」。

　　和很多年輕人一樣，初入行的我也會有心魔和膽怯，直到在不斷的實踐當中，贏得了客戶的第一次信任，幫他們存下第一桶金，完成第一次雪中送炭的理賠，實現第一個小小的夢想，

▲ 早期獲得團隊業績第一留影，右邊是大團隊領袖周榮佳先生，左邊是直屬上司丁瀛先生。

我才真正找到了這份工作的意義，也讓我更加堅持、更有底氣的在行業中走下去。一個真正想買保險的客戶，一定也渴望找到一位專業、可靠、真誠推薦、有價值的代理人，能幫他們安排最適合的理財規劃。當我決心做一個這樣的代理人的那一刻，我找到了自己在行業內的價值，也找到了長久發展的動力和立足點。

對數字的敏感和對專業的執着可能是上天賜予我的禮物，多年來一直在會計、稅務、法律、醫學等多個專業領域積極探索，也在團隊引入各類專業人士諮詢服務。運用這些專業知識，從客戶的利益出發，幫助客戶正確選擇綜合性的服務方案，滿足客戶現有或潛在需求，也贏得專業人士應有的尊重。這類專業的顧問式銷售方式，是我一直提倡和踐行的，因此本書中也特地挑選了一個通過專業能力，獲得客戶成交的案例和大家分享。也希望通過提倡專業和價值的理念提升行業服務質量，讓保險代理人和醫生、律師、會計師一樣，成為受人歡迎的專業人士。

幫助更多人從無到有擁有一份事業，讓更多的客戶找到好的代理人，把自己的價值理念推行到行業中，是我建立團隊的初衷。在帶領團隊合夥人們一起進步的過程中，愈來愈深刻的體會到每個人的獨特性，因地制宜，因材施教，才能達到最好的助推效果。本書的幾位作者年齡不同、背景不同、性格更是

相去甚遠，11 個銷售故事，將帶給大家豐富的信息、精彩的內容和有趣的經歷，也印證了一句老話：「條條大路通羅馬」。

最後，能在入行十週年的日子寫下這本書，必須感謝我事業的領路人周榮佳先生和丁瀛先生的多年栽培，以及一眾前輩和同事們的無私分享，更要感謝一直信任我、支持我、幫助我的客戶，以及朋友和貴人們，沒有你們就沒有今天的我。也希望這些年，我總結的一點經驗和思考，能給在保險行業一起努力打拼的同行們一些體會和啟發。

希望你們喜歡《大單》，看了之後，人人爆大單！

序 4　夢想還是要有的，萬一實現了呢？

李郢竹 Jasmine Li

2013 年加入保險業，現任分區經理

專業資格：

- 認證財務策劃師（AFP）
- 美國註冊會計師
- 認可兒童財商導師
- 紐約城市大學會計碩士

成就：

- 2017-2019 年 MDRT 全球百萬圓桌會員
- 2020 年 TOT 全球百萬圓桌會員頂尖會員
- 大團隊單月業績紀錄保持者
- 2019 年大團隊業績第一名
- 香港優質理財顧問大獎
- 國際龍獎 IDA（傑出業務獎）金龍獎
- GAMA 新晉經理獎、管理發展獎、管理卓越獎

　　2012 年由於先生工作的關係，和先生一起帶着兩個女兒從美國來到香港。當時兩個女兒一個 4 歲多，一個才不到 2 歲。在美國近八年的時間裏，在紐約城市大學修讀會計碩士兩年多，從事稅務工作兩年，生孩子並當全職媽媽的三年多，一直簡單，忙碌而充實。

　　對我而言，香港是一個熟悉而陌生的城市，九七年香港回歸，還在讀中學的我讀過一本書名為《東方明珠》的書，父親出差也從香港帶回紀念品。2012 年來香港定居前，我從未來過香港。依稀還記得 2012 年 7 月 1 日下飛機那一刻，溫潤潮濕的空氣撲面而來，從此我就要開始在香港的生活啦！

　　2013 年 7 月，在北美華人論壇上認識了也是從美國回來，同是美國註冊會計師，而先生也在香港某大學當教授的朋友 J。經 J 引薦，我到了香港一家有 20 多年歷史的保險經紀公司工作。每天不用朝九晚六，工作模式很自由，那段經歷很好地幫我從全職媽媽過渡到職場。2013 到 2016 年間，適逢香港保險呈急劇上升之勢，儘管不算投入太多時間，但由於朝陽行業的紅利，收入水平亦與三至五年工作經驗的文職工作差不多。

　　故事到這裏似乎也挺圓滿的，可是和我同時期入行的朋友，有的事業發展得風生水起，而我感覺很多地方我都可以做得再好一點。2016 年，我在某次活動中認識了我現在的上司，

她身處的大團隊是一支訓練有素的隊伍，學歷高，做事情講章法，管理有系統。大家都懷着信念，一腔熱忱，努力當一個專業、真誠可靠的財務策劃顧問，被譽為保險界的一股清流。每個人的背景各不相同，但是大家都追求卓越和成功。

於是我決定加入，從此每週一、二、三穿上職業裝，準時到公司開早會。對於以前完全不用坐班的我來說，很有儀式感，是我喜歡的狀態。新的工作模式幫助我完美平衡了工作和生活，避免陷入鬆散和無目標的狀態。從此我的工作和生活相輔相成，相得益彰。財務策劃行業的工作性質決定了業務拓展和招募都不能只是待在辦公室裏。對熱愛生活、興趣廣泛、樂於嘗試新鮮事物的我來說，可以保險生活化，在生活的種種探索中傳遞保險理念，並吸引同頻的朋友加入保險行業。

從業六年多，由於工作原因結識了不少有趣的客戶朋友，也很榮幸將服務和陪伴他們很多年。俗話説「一個好漢三個幫」及「在家靠父母，出門靠朋友」，很多客戶是我的舊同學、朋友或朋友的朋友。業務拓展的主要渠道分為陌生拜訪、緣故市場及轉介。我的業務拓展早期是從緣故市場做起，也取得了不錯的成績。隨着客戶量的積累，以及客戶對我服務和為人的認可，逐漸有愈來愈多的轉介。轉介是介紹人以自己的人品和信譽為被介紹人背書，這裏面包含着難得的信任與支持，尤其當對方別無他求，介紹的舉動純粹出於對你的認可時，更是難能可貴。

我們更要珍惜這樣的朋友，不辜負對方的信任。

我的業績逐年提升，2019 年更在大環境不太好的情況下實現了 TOT 業績（等於 MDRT 百萬圓桌會員資格的 6 倍業績），是大團隊近 400 位同事裏的第一名，並以單月五個 MDRT 的成績刷新了大團隊的業績單月紀錄，團隊發展方面也不斷吸引優秀夥伴加入，至 2019 年年底，團隊人數已逾十人。

當意外來臨或者企業遇到困難時，親戚朋友通常只能給予精神慰藉或少量經濟援助，而代理人卻可以切切實實地為客戶

▲ 刷新大團隊單月業績紀錄，至今仍為紀錄保持者

送上支票，讓他們生活無憂。我們生活在一個全民保險意識的覺醒年代，我很高興自己做的是一份熱愛且擅長，並創造價值的工作。能從中實現自我，是美妙幸福的感受。

我們的外表和談吐，以及給客戶的第一印象非常重要。在競爭日益激烈的時代，我們要充分展示自己的各項能力，人們才會認識你，接受你。如果代理人對社會認識深刻，和客戶有共同語言，有豐厚的人生經歷，更容易得到客戶的偏愛和認可，成為客戶人生路上不可或缺的重要朋友。

非常感謝老闆 Wave 給我這次寶貴的機會，與多位作者一起切磋學習，集思廣益，將大家多年服務高淨值客戶的經驗毫無保留地奉獻出來，促進行業的整體發展。

▲ 2019 年 6 月，第 17 屆亞太壽險大會期間，攝於老闆的新作《銷魂》簽售會。

序 5　從三無人員，到保險工匠

劉名言 Maryanne Liu

2015 年香港城市大學碩士畢業後，全力以赴加入保險業，現職分區經理。入行第二年即實現個人業績 30 倍增長，並打破多項區域紀錄，包括最快升職紀錄、最高單月業績紀錄等等。同年，組建了自己的團隊，現在團隊精英接近 20 人，2018 年團隊 MDRT 比例更達到 78%。

抱着持續進修、不斷成長的態度，27 歲就獲沃晟法商金牌顧問等專業資格，並連續四年獲得 MDRT 會員資格（其中一年 TOT，一年 COT，兩年 MDRT）。由於成長有爆發力，個人魅力強，演講真誠富有感染力，所以入行五年來，多次受邀為公司及其他區域進行分享，並多次榮獲香港人壽保險從業員協會（LUA）的優質顧問大獎（QAA）。

我一畢業就全職加入保險行業了，這是我人生中第一份全職工作。入行前，我經歷過三次失敗：一次考研失敗及兩次衝擊北大雙學位失敗，還在三年內做過六份性質完全不同的

實習工作，包括銀行、數據分析、市場營銷、獵頭等等。我還做過很多「小生意」，比如我在家鄉的街頭賣過水母和情人節鮮花，高考後做家教和賣筆記，也在來港第一年為了賺取生活費，每週往返深港「扛貨」做代購。

從正式的職場中，我學到了專業和嚴謹，從小商小販式的「混社會」中，我學到了很多接地氣的「生意之道」。也正因為甚麼都願意嘗試，我赴港讀研深造後，很快就找到了真正的興趣所在：和人打交道，與錢相關，做自己的生意。保險業，完全符合！

不過，真正入行前我還是有一點猶豫的：怕找不到客戶。最終讓我下定決心，甚麼也不顧，在畢業後馬上全職加入的，還是我 25 歲的一個悲傷回憶。畢業那年，我隔壁房的同班同學，才 24 歲，就被診斷了急性骨髓性白血病。

這件事對於剛出象牙塔的我來說，猶如晴天霹靂。忘了是哪位同學說了一句：「我們班一共就 18 個人，不能變成 17 個。」這句話感動了所有人。於是，我們開始全班自發組織募捐，萬幸得到了社會人士，特別是很多校友的援助之手，捐款數額足夠我的同學得到很好的治療以及後續複查。最終，她也靠着頑強的生命力和意志力，戰勝了病魔，恢復了健康。

我後來總是覺得，這一定是上天給我的啟示，他讓我一定要投身到這份有意義的助人事業當中。後來，這件事一直激勵着我再快點，再多點地向身邊的人推廣提前做好風險管理的必要性，我要踩着風火輪，比風險跑得快一點。

隨着年資加深，我對行業的理解也逐漸深刻。我是日語系出身，尤其喜歡日本的「工匠精神」——用一輩子去打磨一個產品，做到極致。優秀的保險人，其實和工匠很相似，只不過我們打磨和修煉的「產品」，就是自己。我們是銷售，更是事業的經營者。我認為經營者和銷售最大的區別是：銷售管賣不管後續，經營者卻是長久地提供優質服務。最初的兩年裏，青澀的我比較浮躁，對這份事業更多的是看重金錢和成長，但是現在，我開始更享受自己作為一名徹底的金融服務者狀態，時刻保持歸零心態。我熱愛自己的事業，會將它作為終身事業去發展。同時，我要召喚更多的人，和我一起，給無數個家庭提供「讓人生幸福永不打折的解決方案」。

感恩能在入行五週年馬上來臨之際，榮幸地受到大老闆的邀請，有此殊榮可以一起執筆此書，與老闆和幾位非常資深的同事共同創作讓我收穫頗豐。也願在讀此書的您，可以有所啟發，進而打造自己的「大單」天地。

感謝帶我入行的各級老闆——周榮佳先生、閔榮女士和曲

暢女士，你們都在我成長的路上給予數不盡的包容、鼓勵和幫助，我今天所取得的一切，都離不開你們的關愛。還有很多人，我也想對你們說一聲「萬分感謝」，包括：我所有忠實的客户們；大團隊的所有同事們，特別是我直屬團隊的夥伴；一直給我關愛照顧的母校 —— 北京郵電大學，包括母校一眾領導、老師和所有親愛的校友們，特別是深圳研究院的孟楠院長、楊鵬師兄和金建林師兄；還有給我信念和能量的媽媽和其他親人們。

再次感謝大老闆給我如此榮耀的機會！

序 6　愛上逆風飛翔

豐燁 Effy Feng

2014 年加入保險業，現任資深分區經理

專業資格：

- CPB 認證私人銀行家
- 沃晟法商金牌顧問
- 認證兒童財商導師
- 香港大學教育學碩士

成就：

- 2015-2017 MDRT
- 2018-2019 COT
- 大團隊單月人壽保單數量紀錄保持者
- 團隊 2019 年個人成績第一名，大團隊第四名
- 多次榮獲香港 LUA 優質顧問大獎、國際龍獎及 GAMA 多個國際獎項：如管理卓越獎 IMA、管理發展獎 FLA、經理指標大獎 LBA、最佳躍進獎 BGA 等。

　　我在河北太行山下的一座小城長大，本科畢業於北京師範大學，修讀漢語言文學專業，之後一個人來到香港大學攻讀教育學碩士。畢業後，成為國際學校的中文老師，學生大部分來自政商名流之家，他們的家族在香港甚至全世界已經完成了幾代人的傳承，多數擁有家族信託，和他們相處的那段日子讓我有機會從生活的細微處，體會到一種舉手投足間的貴族精神。我很好奇，在心裏埋下一顆種子，作為一個普通人更想要去更深一步地探索這種貴族精神的由來。這為我從教育行業轉而進入自己並不擅長的財富管理領域，埋下伏筆。

　　從小我就很喜歡讀歷史，尤其愛看《三國演義》，隨着年齡的增長，閱歷的豐富，我開始對一些在改革開放三十年中叱吒風雲的企業創始人特別感興趣，很期待聽到他們講白手起家的故事。很可惜，我自己的原生家庭、朋友、同學圈子裏，都沒有這類家庭，強烈的好奇心得不到滿足，我就愈來愈想和這樣的人做好朋友。尤其是進入財富管理行業之後，這個想法就更加生根發芽，開花結果了。這又令我從發展得順風順水的第一家公司，轉入現在的公司和大團隊，埋下伏筆。

　　最開始由老師轉行，打動我的是靈活自由的時間安排、多勞多得的公平制度，另一方面也是為了續期留港畢業生的簽證，所以誤打誤撞進入財富管理行業。但是舊公司讓我感覺被深深束縛，原因在於完全沒有保費融資、保單貸款和保單信託

類的產品和後台的行政配套支援，萬用壽險就算有，都是被「邊緣化」的產品，讓那一份從小期待和身價上億的企業家做好朋友的初心，難以實現。我不想讓自己一輩子的職業路線卡在保險銷售人員定位，更不願意偶然遇到一些大客戶的大額保單得以成交，並不是因為我獨一無二的專業性，而是依賴運氣的成分。所以在發展了三年，已經升職為中層領導的我，毅然決定轉來了現在的公司和團隊。

給我最大的驚喜是現在的公司有一個專門的私人客戶服務部，不僅有每個月固定兩次以上的針對保費融資、保單貸款和保單信託的非常細緻入微的專業培訓，還有單對單的 Case Study 可以預約。我就好像海綿遇到水一樣，恨不得長期浸泡在這裏，酣暢淋漓地吸收我需要的各種知識和技巧。就算純文科出身的我，沒有任何金融、經濟學的基礎知識又怎樣？我一直堅信好奇心是最好的老師。一遍聽不懂，我聽兩遍；兩遍聽不懂，我聽三四五六七八遍。到了最後，我已經數不清一共上了多少遍課堂，但在這段時期，我已經開始和大部分的從業人員產生了質的分離。因為知識一直在潛移默化中精進，我對於大客戶開始有了一種特別的敏感。這種長久以來踏實，深入的努力學習，在信託及保費融資/ 貸款方面的持續累積和不斷實踐，讓我開始有了接獲大單的最根本優勢。

我在香港工作接近十年的職業生涯中，做過兩次常人看來特別不可思議的賽道轉換，每一次都是非常艱辛的逆風飛翔，但我一直相信「麻煩是偽裝的機遇，蕭條是成長的機會」；選擇比努力更重要，與其無限糾結，不如快速行動。本着這樣的態度和行動力，就算在 2019 年香港大環境不太好的情況下，我仍然實現了自己的逆勢突破，完成一張總保費 250 萬美元（接近 2,000 萬港元）的大單。也正因為自己的勇氣和專注，吸引到一批志同道合的行家加入我的團隊，形成一支資深經理超過八人的領導核心，有望在 2020 年底晉升為大團隊第四位區域總監。

▲ 於 2018 年 5 月破團隊單月新人壽保單數紀錄

　　由於自己從未放棄、也從未忘記的初心和夢想，我看似做了一次又一次特別勇敢的決定，一直都在逆風飛翔。但最後的最後，我希望感謝一路走來的所有挫折，所有困難，所有人和事，你們成就了今天的我。也別特別感謝我的老闆 Wave，一路走來不僅僅用心栽培教導我，以及我旗下所有 Leader，更給予我一起合著《大單》的機會。願這本書為所有人帶來最實用的啟發。還是那句話，讓人逆風飛翔的永遠不是翅膀，要麼夢想，要麼善良，關鍵是我們要讓自己愛上逆風飛翔。這裏也祝願 2020 年初始就陷入疫情的香港，和各行各業都受到影響的人們，可以在這本書中汲取不一樣的力量，讓我們一起度過難關，逆風飛翔。

第一章

TOT 方程式

Wave Chow

1.1 提升業績的三個元素

在保險業界中，很多人以做到百萬圓桌會（Million Dollar Round Table，MDRT）和國際龍獎（International Dragon Award，IDA）為榮。這兩個榮譽有甚麼吸引力呢？

這兩個國際獎項雖然定位、目標對象和舉辦組織各異，但也是致力於讓會員們以最佳表現、最高標準的理念、專業行為和專業知識來服務客戶，為會員本身、所服務的機構、所帶領的團隊和行業創造崇高價值。兩個舉辦組織會參考不同地區的 GDP 和其他因素制訂不同首年佣金（First Year Commission，FYC）要求，根據其網頁顯示，2020 年於香港要做到 MDRT 和 IDA 各級別的 FYC 要求如下：

MDRT	
普通會員 MDRT	HK$550,900
超級會員 COT	HK$1,652,700
頂尖會員 TOT	HK$3,305,400

IDA	
銅龍獎	HK$360,000
銀龍獎	HK$1,080,000
金龍獎	HK$2,160,000
白金獎	HK$3,240,000

如果能達到 IDA 銅龍門檻，不計其他獎金，閣下的月收入最少 3 萬港元，如果是 MDRT 月入更可達 4.6 萬港元，對很多打工仔來說是相當不錯的收入。但如果能更上一層樓，做到 IDA 最高級別的白金獎或是 MDRT 的 TOT 級別，則年收入超過 300 萬，代表月入約 27 萬元，一個月的收入等於別人工作一年。除了 FYC 要求外，IDA 還要求一年最少 36 單壽險保單，要求比 MDRT 更多。

全球能獲取此兩項殊榮的人不多，MDRT 只有約 66,000 個會員，獲 IDA 資格的全球只有約 78,000 人。由於 IDA 網頁上並沒有公開各地區會員分佈數字，如果單看 MDRT，2019 年全球最多 MDRT 會員資格的地區是中國內地，達到 18,022 人；緊接第二位便是香港，有 11,701 人；反而第三位的美國，是全球保險業最發達的國家，卻只有 7,871 人。

小小的香港不足 800 萬人口，卻有如此成績，這說明

甚麼？要在香港獲得 MDRT 或 IDA 的資格並不是癡人説夢。事實上很多理財顧問都很想提升個人業績，但像老鼠拉龜，無從入手。我新人時也有這個問題，但經我多年研究，終於找到「TOT 方程式」。憑着這方程式，我的團隊在 2016 年便做到 100% MDRT 的成績，另外還有 38.7% 的 COT 及 TOT 成績，締造了保險業界的神話。廢話不多説，立刻跟大家分享這方程式。

TOT 方程式：

業績 = 見客量 X 成交率 X 平均額度

見客量（Number of Appointment）：

與保險工作有關的約會，從接洽到講解建議書（Proposal）及簽單的約會全都計算在內，但一般吃喝玩樂聯誼聚會，完全沒提保險或只是輕輕帶過，都不算數。

成交率（Closing Ratio）：

平均見 100 位客戶，與多少位客戶成功簽單的比率。若你很能幹，見十個客戶有八個可成功簽單，成交率就是八成；若見十個客戶只成功簽了四位，則成交率是四成。假設有兩個理財顧問，大家見客量一樣，但一個成交率八成，一

個四成，八成成交率那位的業績自然會較好。

平均額度（Case Size）：

　　保單有大有小，平均額度是指平均每張保單的 FYC。如果大家只做細單，每張保單的 FYC 只有千多二千元，那要多少張單才可達到 MDRT 門檻？但如果你能夠拿下百萬美元保費的大單，只簽一張單已經進入 COT 的門檻，多做一張連 TOT 獎也手到拿來。

　　從這方程式可見，業績多寡全取決於上述三個元素。若你想提升業績，只需要在這三個元素下功夫便可，提升其中一個元素已可令業績上升，如果三個元素同時上升，業績便會幾何級數爆升。

1.2 見客量是業績的根本

　　你可能問，三個元素中，哪一個最重要？如果要重點提升其中一個元素，應該選哪一個？

　　其實三個元素都十分重要，但強要挑選一個，便要視乎理財顧問本身的年資及經驗。見客量是一切的根本，沒有客見，哪來簽單？所以對於初入行的新人來說，首要任務就是儲客戶量。任你口才再了得，產品有多好，沒有客見，也只

是在公司對同事空做 Drill。我始終相信一勤天下無難事，單靠勤力是可以做到 MDRT 的。

但想強調一點，見客量多寡，除與人脈數量有關外，更取決於我們的心態。我見過很多理財顧問，他們通訊錄內有超過 200 位朋友，問他們 200 位朋友中，約見了多少位談保險呢？他們大都說只有約 50 位。為甚麼不找餘下 150 人呢？他們會說那 150 人不是太熟，難以開口，或是沒空出來，總之藉口多多。說穿了，他們仍是有怕被拒絕的心魔。其實只要大家增加內外動力，減少阻力，見客量自然有所提升。

我在兩本舊作《打造 100% MDRT 團隊 —— 絕密關鍵》和《銷魂》中，亦分享了尋找客戶、克服拒絕的心法，以及銷售技巧和管理團隊的秘訣。相信跟足步驟，無論是個人或整個團隊都可達到 MDRT 水平。

但要更上一層樓達到 COT 及 TOT，單靠努力提升見客量便有點困難。我們可計一計數，TOT 一年要達到 330 萬港元 FYC，假設每張單的 FYC 是 5,000 元，要簽 660 張單才可達到此數目。若一年 365 天工作，都要每天簽 1.8 張單才可達標。一天只有 24 小時，扣除 8 小時睡眠，其實只得 16 小時可用，還未計用膳、交通、梳洗等時間。16 小時中，

大家每天見到 4 個客已很不錯，勤力的最多見到 6 個客，再多便有可能出現見客遲到、準備不足等情況，效果只會適得其反。但如果每張單的 FYC 可提升至 10 萬元，則全年只需簽 33 張就可以完成 TOT，哪一個會更可行？

1.3 提升平均額度六個要訣

當大家有足夠的見客量（Work Hard）後，便要向提升成交率和平均額度着手（Work Smart）。我綜合了自己及團隊的經驗後，歸納出的六個提升保單平均額度要訣。相信大家苦練這六訣，必定可以踏入 COT 和 TOT 的領域。

一．廣交大客

要簽大單，最重要認識能付大單保費的高端客戶。石頭是鑽不出血來的，我們總不能強逼基層朋友賣房賣血來買保險。因此要簽大單，必須廣交高收入或高資產淨值人士作朋友，設法進入高端客戶的圈子。

二．大膽

有些理財顧問會「捉到鹿不懂脫角」，拿着燒餅當枕頭。好不容易認識到大客，卻缺乏向大客銷售的膽量，不敢開口。又或怕説錯話錯失機會，以致説話及做事都畏首畏尾，臨場表現大打折扣，發揮不出平日的水準。還有就是怕計劃

書的預算定得太高，嚇跑客戶，於是大客當小客 Sell。

其實大家之所以怯場，主要原因是大客不足，或「佛系」遇上一個，生怕可一不可再，過度重視所致。其次就是不熟悉有錢人的想法和世界，過分神化對方，矮化自己。

其實只要大家進入高端客戶的圈子，所謂「英雄見慣亦常人」，當滿目皆是這些人，就明白「客死客還在」的道理，那又怎會再稀罕呢？事實上，有部分高淨值資產客戶只懂在自己的領域努力工作，完全不懂理財和保障。而你恰巧是這方面的專家，比他強多了，有你幫他們理財，到他們收成時只會感謝你。有些高端客戶則十分喜歡投資，會四出尋找渠道，你不向他介紹產品，自有其他人介紹，俗語說「肥水不流別人田」，為何要放過機會呢？最後，若你只向他們收取自己眼中視為大，他們眼中視為小的保費，這除了未能完全幫助或滿足客戶需要外，更留有空間讓其他對手乘虛而入，屆時你難得的大客便拱手讓人，所以一定要大膽開口，大膽出預算。

三·專注大殺傷力產品

保險有多種類型的產品，有些保費不高，例如意外保險及醫療保險，這些價格都是已訂的。一位 35 歲女性買普通住院計劃是這個價錢，買高端醫療就是那個價錢，你不能說

我多付一點保費，保障便高一點。然而，儲蓄、投資、年金、危疾及人壽等保單，保額卻可以按客戶需要改變，對於高端客戶，能負擔的保費可以是天文數字。從生意角度，大家下苦功鑽研產品時，會花時間研究意外、住院等保險？還是儲蓄、投資、年金、危疾及人壽等保單呢？

四・選對切入點

我們對客戶作出建議，必須有切入點。若只叫客戶儲錢，金額未必多；若是為子女預備教育基金，便會多點；若連子女的結婚置業、創業等費用也要照顧，保費便會多很多。若是只為自己計劃退休，金額還可以；但若要為自己和配偶預備一個豐裕的退休生活，保費便所費不菲。還有近年很流行的 CRS、美元資產配置、遺產稅、傳承、保費融資等切入點，保費更可以是天文數字。

無論你用上述哪一個切入點，最終都是賣一個儲蓄保險計劃。但大家可以想一想，用哪一個切入點可以做到較大額的保單呢？如果創業只需準備 100 萬元，而退休要準備 500 萬元的資金，你會選哪一個做切入點呢？

五・正確的保險意識

要簽大額保單，很多時障礙不是來自客戶，而是出於自己。我們經常以己度人來為客戶預備計劃書，例如危疾／重

疾／大病保單，會先入為主認為 10 萬美元保額已很足夠，沒有必要買這樣大，有錢不如多做點儲蓄。於是便準備一份只有 10 萬（甚至 5 萬）美元保額的危疾計劃給客戶，但其實客戶絕對有能力和需要買 50 萬美元保額的。

我記得初入行時（20 年前），有一位阿姨曾經向我吐槽說：「我的外甥也是做保險的，幾年前他介紹了一份 5 萬美元保額的危疾保單給我。由於我是首次投保，沒有保額的概念，心想他是我外甥，保費也不多，依他意見便對了，於是便投保了這份 5 萬美元保額的危疾保單。不知是幸運還是不幸，去年我確診癌症，這份保險亦很快作出賠償，可是杯水車薪，那 5 萬保額遠遠彌補不了我所花的醫療費。其實他也知道我有能力，為何他不替我做一份大保額的計劃呢？現在我想加也加不了。」

那時我慚愧地沉默不語，因為當時的我和他外甥一樣，賣給客戶的危疾保單，多數也是 5 萬美元。不是我怕嚇走客戶，而是我內心深處覺得危疾很少機會賠償，故 5 萬美元已很足夠。但自那次後，我了解到自己的無知，以及明白保險的意義和功能，我不單單是賣出一個商品，而是賣出一條攀山用的救命索。客戶降低保額是他們自己的選擇，但建議大保額則是我們的責任。你不盡這份責任，除了不負責任外，還會有人盡了你的責任。

六·全保理財分析

　　當你向客戶作出建議時，很多客戶不說出口，心裏也會想「這個保額從何而來？」你總不能說：「因為人人都買這個保額」，或是「你的收入很高，可以負擔這個保額」。要知道，收入高不一定願意買大額保單，情感上他們可以有其他選擇，所以你一定要給客戶一個理由，為何他們要買這個保額？

　　「全保理財分析」是一個很好的工具，可以科學化全面分析客戶的財務狀況，包括收入、開支、資產、負債，以及可承受的投資風險等等……只要按步向客戶講解，讓他們明白原來真的需要這個預算才能達到理財目標，他們必定會欣然接受。

　　上述六個提升平均額度的要訣主要是一些大方向，但在實戰應用上，絕對會因人而異。接下來我邀請了團隊裏六位大單神、聖、王、后、霸、俠，分享 11 個根據事實改編的大單成功個案，每一個也有其特色和獨特學習重點。他們將公開簽單過程，無私地分享所需的知識和技巧，理論與實踐並重，可以說是保險銷售的武林秘笈，相信讀者們都能受用。

═══ **學習筆記** ═══

◆ **TOT 方程式：**

業績 = 見客量 X 成交率 X 平均額度

◆ **提升平均額度六個要訣：**　一 . 廣交大客

二 . 大膽

三 . 專注大殺傷力產品

四 . 選對切入點

五 . 正確的保險意識

六 . 全保理財分析

心態
和接洽篇

第二章

學會站在巨人肩膀上

Mina Wu

2.1 年輕從業員的心魔

「如果說我能看的更遠一些，那是因為我站在巨人的肩膀上。」這句流傳了幾百年的名言，相信大家都知道是出自牛頓。事實上，牛頓的這句名言也是參考他人，他引用了赫伯特（George Herbert）在 1651 年所寫：「侏儒站在巨人的肩膀上看得比兩人都遠。」而赫伯特的靈感也是來自他人，並非原創。

加入保險業是我大學畢業後的第一份工作，初入行時，零工作經驗和人脈背景的我，從跑學校，見學生，啟發他們的理財意識，以及協助打理獎學金開始做起。很多人以為能夠來香港讀書的孩子非富則貴，但其實我只來自小康家庭，父母都是工薪階層。雖說從小生活得挺幸福，不用擔心衣食住行，但和能拿出幾千萬來買保險的家庭相比，還是相距甚

遠。那時候，看到師兄師姐們經常簽大單，一方面我是羨慕的，另一方面卻是自卑的。還記得第一次 Wave 問我對簽大單怎麼看，我說：「我不喜歡有錢人。」其實言下之意是不知道如何跟這些有財有勢、成熟優秀的人打交道，也不知道他們找我買保險的價值何在，所以我不自信，不願意邁出第一步。相信很多較年輕的保險從業員，在初入行時都會跟我一樣困惑。

很幸運的是在我工作的早期，就遇到了一位非常低調、善良、富有的阿姨，雖然現在看來這個單子並不算大，但她幫我打破了跟有錢人相處的心魔，敞開了新世界的大門。

2.2 有錢人的生活你懂嗎？

初識這位阿姨的時候，我已經來港三年，工作兩年，剛剛達成第一個 MDRT。她是通過香港的投資移民計劃來港定居的，而我們的相識源自一次小小的疾病。作為北方人的她，初來南方，遇上梅雨季節異常悶熱潮濕的天氣，難免會有些小毛病。熟悉香港醫療系統的朋友都知道，在香港看病和國內看病的流程完全不同，而且在內地有些身家地位的病人需要看醫生，自然有各方好友幫忙推薦及預約，毋須操心。但是來了香港，語言不通、朋友不多，便容易手足無措。恰巧我有一位老同學，是她在內地相識的鄰居的小孩，

見她到處打聽香港名醫，這位同學便把經常在朋友圈分享醫療資訊的我介紹給她。

俗語說得好：「機會是留給有準備的人。」雖然當時我在香港的時間不長，但已經學會了一口地道的廣東話，無論是在診所跟護士和醫生交流病情，還是在餐廳點菜或於商場購物，熟練的廣東話都讓她倍感安心。加上團隊提供的優質醫生資源，香港同事們手把手指導的看病流程，從預約到看診，拿藥到複檢，一切都在我的安排和陪同下進行得順順利利，也讓這位阿姨對我在香港的人脈和生活能力刮目相看。在她病癒以後，順理成章地讓我幫她安排全家人的高端醫療保險，也成為了她在香港生活的嚮導。

此後我又向她推薦了廣東話老師、英語老師、中醫調理醫師、廚藝學校、護膚美容院等等……實際上，那些高端消費的項目，對於當時的我來說是非常陌生的，例如每次收費過萬的 Facial，我可沒做過，那要怎麼推薦呢？還記得我在開首提到牛頓的名言嗎？站在巨人的肩膀上。我的做法就是回公司請教 Wave 和有資源的師兄師姐們。記得有一次她問我，有沒有朋友從事服裝設計行業，她也想在香港請一位設計師幫自己整理衣櫥，及搜購風格合適的衣服。我當時就驚呆了，她的穿衣風格在我看來一直是非常簡單低調的，原來這些都是由內地的設計師一手包辦。幸好我們 Wave 的

太太是一位香港有名的形象設計顧問，經常給明星藝人設計造型，在其幫助下，我順利為客戶找到心儀人選，圓滿完成了任務。

在相處的過程中，我慢慢發現有錢人其實也是普通人，生活中一樣會有煩惱，需要人協助。跟有錢人打交道並沒有想像中困難，如果你能夠提供一些價值，給對方一個跟你相處的理由，以誠相待，他們也不難相處。我還記得某年阿姨生日，我拿不出甚麼特別貴重的禮物，便去報讀一個蛋糕製作的興趣班，親手做了一個蛋糕給她。雖然沒有高級酒店的那麼精緻美味，但她卻吃得很開心。其實對於年輕的從業員來說，客戶對你的期待未必是光鮮亮麗、高消費的門面工夫，反而是真誠相待、為對方着想的心意，讓他們看到你的努力和真誠才是更好的方法。

▲ 我做的蛋糕，簡單但用心。

在接下來的兩年裏，雖然我們的關係愈來愈好，卻一直沒有機會再提起保險。

2.3 來自一次失敗的靈感

夏末的一個傍晚，我接到了一通陌生人的電話，對方是我大學室友的叔叔。他説一週後有個商務行程要來香港，聽到內地的私人銀行經理經常推薦香港的美金理財產品，他這次也打算過來配置一些，但對香港的情況並不熟悉。得知他姪女當年跟我是睡上下鋪的姐妹，關係很好，而我在香港也

從事保險理財的工作，所以想讓我幫忙把關。我當然滿口答應下來，期待着這個突如其來的電話，能否給我帶來意外的收穫。其實現在回想起來，當初剛入行的時候礙於面子，跟內地的同學較少聯繫，這些機會全都源自每天於朋友圈分享工作和生活點滴，以及學生時代刻苦努力所得的認可。

在香港跟這位叔叔初次見面，他就跟我說了一些心底話。以前他在北方從事重工業的附屬產業，年輕的時候肯吃苦，又趕上製造業發展的時機，生意做得不錯。不過隨着中國經濟轉型，服務業佔 GDP 的比重過半，成為經濟發展的主動力，他們的行業沒有以前那麼好做，加上本來的工作也相當辛苦，所以叔叔不打算讓兒子接手公司的業務。他就一個寶貝兒子，成績不錯，學醫的，今年 28 歲了，剛剛出來實習，現在的這些資產將來肯定是要傳給兒子的。他對兒子從小家教很嚴，怕男孩子太嬌貴沒出息，也從來沒讓孩子知道家裏有多少錢。現在他就一個心願，希望孩子能努力工作，靠自己幹一番事業，也早點成家立業。叔叔還說，覺得自己年紀大了，希望陸陸續續把一些資產放到兒子名下，但是又不希望他知道自己名下一下子多了這麼多錢，擔心他以後再不願意吃苦耐勞，努力工作了。

聽到這裏我心中竊喜，便說：「這個需求很容易解決啊，您只要買一份人壽保險，將兒子寫成您的受益人，那將來有

一天這個錢就能順順利利的由兒子繼承了。」「小鄔啊，這個我當然懂啦，我已經買了不少這類產品，都是買在自己身上，但是我擔心呀，我兒子學醫的，對投資沒甚麼經驗，也不太感興趣，他平時工作又很忙，將來給他那麼多錢，他怎麼打理呢？」於是第二天，我就給叔叔推薦了一款儲蓄分紅計劃，他一開始看着挺歡喜，但想了一個晚上，又給我出了個難題，他說：「這款分紅險我覺得挺好的，要買就買在我兒子身上，這樣將來他要是不想麻煩去學投資，就拿分紅好了。但是我有一個要求，開這個單千萬不能讓他知道，如果你能不動聲色把這個單子開了，那可以多買點。」

當年香港的保險公司還沒有可以轉換受保人的產品，所以我計劃着如果能讓父母做保單的持有人，孩子做保單的受保人，這樣萬一持有人不在了，保單可以由受保人繼續持有，既可以滿足指定傳承的需求，也可以繼續享有投資回報，完全符合叔叔的要求。唯一的問題是，如果受保人年滿 18 歲，便需要在保單上簽字，成年人在法律上是有知情權的，所以他的兒子一定會知道這件事。最終這個天上掉下的大餡餅，到了眼前卻沒有被當時的我接住。不過在三年以後，公司便推出可以更換受保人的儲蓄分紅計劃，幫我把這個丟失的餡餅又找回來了。當然這些都是後話，雖然當時這位叔叔的計劃沒有確認下來，但是他給了我一個很重要的靈感。

2.4 一個 IDEA 打開一片天

如果說先前的我過於年輕，不知道如何運用有錢人的思維去思考問題，那麼在幾年的歷練中，讓我慢慢懂得保險只是一種工具。同樣的工具在不同人的手中，能發揮的力量可以是千變萬化。有人選擇分紅儲蓄險是為了強制儲蓄，有人是想要幸福的退休生活，有人是看重穩定回報，也有人是希望在子女不知情的狀況下把資產放到他們名下。雖然當時我沒有找到一個方案可以滿足叔叔的要求，但是對於我的其他客戶，那些孩子還沒有超過 18 歲、家境比較富裕的客戶，完全可以通過儲蓄分紅險來實現定向傳承，以及把保證孩子將來投資能力的方案提前規劃起來。雖然這類型的客戶通常比較年輕，還沒有開始考慮傳承問題，在入題上會遇到一些困難，但是作為保險從業員的價值，不就是把將來可能發生的事情提前展現在客戶面前，幫他們未雨綢繆嗎？

於是我立刻行動，主動尋找機會把這個故事分享給那些孩子介乎 12 至 17 歲，並且有一定經濟實力的家庭客戶，而前面提到的那位阿姨便是其中之一。還記得某天下午，我到她家拿一份門診的理賠資料，她問我「最近忙嗎？」我說：「忙呀，最近有一個同學的叔叔找我，希望我能幫他把部分資產放到孩子名下，但是又要求不能讓孩子知道，怕孩子知道了就不努力工作了。本來買一份儲蓄分紅險就能解

決這個問題，只要父母做保單的投保人，孩子做受保人，將來父母不在了，孩子可以直接繼承這份保單，而且還可以繼續享受投資收益，也不怕理財不善被人騙了，一舉兩得。可惜他的孩子已經超過 18 歲了，成年人在法律上是有知情權的，買這樣一份保單需要孩子簽名，那不就露餡了嗎，所以我也正在想辦法，但恐怕是很難了。」話音剛落，她就非常感興趣的說：「原來還可以這樣安排，那我們家兒子可以買呀，他明年就 18 歲了，你給我出個計劃看看吧。」然後在短短兩週內，我就幫她安排了一份年繳 30 萬美金，繳交五年的儲蓄分紅險。

在其後的兩年，我又用同樣的方法入題，簽到了六個擁有類似需求的家庭，年繳保費在 10 萬到 40 萬美金不等。還記得這個 Case 的題目嗎？學會站在巨人肩膀上。這位叔叔便是其中的一位巨人，他多年人生經歷總結而來的需求，經過我的傳遞，為其他類似的家庭，提供了前瞻性的優質傳承方案。我的老闆和師兄師姐們也是幫助過我的巨人，全靠他們的經驗和人脈，讓我能夠給客戶提供有價值的服務，保持長期的友誼。我就是那個得以站在巨人肩膀上成長起來

的小矮人，在過程中勤學思考，在人羣間傳遞價值，也在多年以後成為新的巨人，庇護客戶們的未來，托起夥伴們的明天。所以，請不要因為今天的矮小而選擇卻步，只有藉助身邊的力量勇敢邁出第一步，才能成長得更快更好，也為其他人帶來更多價值。

▲ 在 2017 LUA MDRT DAY，擔任特邀嘉賓與大家分享心路歷程。

學習筆記

- ◆ 有錢人也是普通人，以誠相待，提供價值是破冰關鍵。

- ◆ 學會借力，善用團隊資源。

- ◆ 從失敗中汲取經驗，才能找到通往成功的道路。

- ◆ 換位思考，找到痛點一擊即中。

第三章

立志成為 TOT 的新鮮人

Maryanne Liu

3.1 今天失敗換來明日輝煌

2015 年剛入行的時候，就定下了年底實現 MDRT 的目標，可是馬上元旦日了，我還差一張儲蓄單才達到 MDRT。時間滴滴答答流逝，我每天從早上 7 時努力到凌晨 1 時，每天約見五組客戶，晚上回家出計劃書，依然收到很多的回覆都是：「再看看，我考慮考慮。」眼看着還有最後兩天就結束了，我甚至想到去大街上「截獲」買保險的客戶，然而一切只是想像，卻不敢實踐。

就在 2015 年 12 月 30 日的下午，正在猶豫要不要鼓起勇氣去派傳單的時候，突然微信叮了一下，我馬上拿起手機，是 VIP List 中的一位客戶！她向我推薦了有意向的客戶，我問她：「是甚麼內容吸引了你的朋友？」

「分紅收益不錯的儲蓄單，退休或者給孩子用。」她回答我。我激動得跳起來！就差這一單，就能實現 3 個月晉身 MDRT 的夢想！然而，兩秒鐘以後，我心中的一團火就幾乎熄滅了。先不說能不能趕得及年底批出這保單，就一天的時間，素未謀面、毫不相識的客戶，能相信我，能馬上就決定購買嗎？

管不了這麼多，無論如何我也要盡全力，而且年底公司有優惠，讓客戶儘早決定，也能幫客戶節省金錢。於是，懷着興奮和忐忑的心情，確認客戶身在香港後，我加了她的聯繫方式，然後就馬上寫了一段草稿，準備稍後致電客戶時派上用場：

「您好，我是 XXX，貝貝介紹的，非常高興能有緣分和您相識！聽說您非常喜歡我們的儲蓄產品，相信您現在一定很感興趣聽我幫您詳細介紹介紹，不過在開始之前，我有一個不情之請：聽我講解以後，如果您覺得這個計劃確實適合現在的您，年底公司還有優惠，您能今晚或者明天就決定嗎？

您先別急，因為我在非常努力地在追一個行業的頂級榮譽，現在只有最後一天時間了。我是 10 月才入職的新人，所以我只有 3 個月的時間來完成別人 12 個月完成的目標和榮譽，難度確實比較高。不過我有十足的

的信心未來可以長久給客户提供最專業的服務。不瞞你說，我距離今年的小目標，真的只差您這一張單了，可能也是上天的緣分，讓我們在這個時刻相遇。

所以如果這個計劃真的符合您現在的需求，能幫到您的話，我希望您能考慮下，今晚或者明天就簽約買下，好嗎？」

這段話，我用了這樣的結構來表達，分享給大家我的思路：

1. 首先給客户打預防針，説明我的請求可能確實會有點急。
2. 直截了當表達請求和需要，再説明原因，防止客户找不到重點。不拖泥帶水表明立場，前提是客户覺得好，專業且適合他。在幫到客户的基礎上，假如也能幫到自己，那就是雙贏，絕不強迫客户配置自己不需要的產品。
3. 再次重複我的請求，加深印象，引發客户再次思考的可行性。

其實這也是我首次這樣做，當在電話中講出來的時候，手心裏都是汗，捏着的一張 A4 紙都快滴水了，但我還是顫抖着把它讀完。

結果，你們猜客戶怎麼説？

客戶説：「好啊，你先給我介紹介紹，確實好的話，我可以馬上決定。」

我再次激動得要跳起來了！

我設想的客戶聽到後的反應可能是：「你怎麼回事啊？我才剛開始了解就催我買，而且不是小數目，再説這是你的目標，又不是我的目標，和我有甚麼關係呢？」

上述心態應該是很多保險新人一開始都會有的「心魔」：自己給自己 Objection，還沒向客戶提出，就先在心裏想了一大堆客戶可能拒絕的理由，然後遲遲不敢行動……

這次碰到 Nice 客戶的經歷，讓我明白一個道理：不要以己度人。大膽表達訴求，向天發起「我想要」的信號，即使被拒絕，又如何？你開口，就有 50% 成功機率；不開口，那就是 0%。而且説不定，開口了還能幸運地碰上像我客戶這樣可愛溫柔的姐姐，溫暖你緊張擔憂的心！

雖然因當時挖掘客戶需求和痛點的經驗不夠豐富，而客戶最終亦沒能馬上下決定，但這事在我心裏算是里程碑，有

兩個深刻體會：

1. 雖然沒達到目標，但我不後悔，因為突破了自己，
   也盡了全力。
2. 不再害怕被拒絕，開始之前，如果先自我否定，就
   沒有後面的故事了。

3.2 萬里長征，始於簽單

經過大半年的相互了解、熟悉，我和客戶慢慢成為了
朋友，走進了彼此的內心。我也逐漸發現了客戶的痛點和需
求，最終幫她和妹妹全家人，每人配置了一張每年 20 萬美
元保費的儲蓄保單，用來保障日後的生活品質，傳承財富給
孩子，甚至孫子，富過三代。

後來我們聊天時她還提起，原來當年不止我對那一通
電話印象深刻，她也是啊！她說：「雖然你青澀忐忑，說話
還有點突兀，但卻能看出一個女孩獨自在香港闖蕩的勇氣、
努力和魄力，有目標的人，看起來都比較『有狼性』，可以
理解。」

太感動了！

那麼客戶下定決心配置大額分紅保單的原因究竟是甚麼呢？

1. 家庭資產配置的重要一環 —— 穩健投資。在收到客戶一家的資產證明時，發現客戶明顯是「風險厭惡型」，傾向非常保守，基本上資產配置組合中都沒有「股票」這一個選項，均以債券和保單為主，還有一小部分是股權和房產。本來就愛買保險，了解到我們的產品，就當然要馬上加單啦。

2. 喜歡被動式投資。我的客戶姐姐特別上進，自己雖然不是商科和金融專業出身，但是各類財富管理和投資的課程她都喜歡參加，甚至樂意長途跋涉買火車票、飛機票到全世界學習。不過，她也特別睿智，懂得抓大放小，只抓最基本的宏觀趨勢，其他細碎的事情，她都交給信任的專業人士去打理。我想，這是一種非常睿智的富人心態，因為深知自己不是專業，也知道研究和理解這些內容需要花費大量時間精力，因此願意付費給可靠的人打理，直接實現人生路上的雙贏。儲蓄分紅保單省心的懶人操作模式，跨越長線經濟週期而增值的特點，都被客戶姐姐火眼金睛發現了。

上一年衝擊目標失敗仍歷歷在目，這一次，我以為簽了

單，錢都交了，應該就萬事俱備，只欠批單了吧？

沒想到，精彩的好戲還在後頭。

3.3 如何「證明我爸是我爸」？

相信有經驗的同僚都知道，大額保單，一般批核的時間比較長。先是健康風險，若超過一定額度，客戶的健康狀況直接決定能否購買這張保單。然後就是複雜的財務審核，提交各類資產證明，確認配置的金額和真正實力、身價匹配，經過了重重困難，見招拆招以後，沒想到我迎來的最後一關，竟然是戲劇性的「證明我爸是我爸」。

我的客戶一家算是「富二代」，大部分的財富源自上一代人。既然保費是來自上一代的贈予，公司就需要我們證明一代和二代的直系親屬關係。

這可就難了。有的人說，戶口本有啊，可是因為客戶的爸爸非常有遠見，從小就給姐妹倆都買了房子，所以戶口本無法作為「我爸是我爸」的證明。那去街道問問？年久失修，很多當年的檔案也沒了，這條線也斷了。出生證？可惜經過多次搬家，小時候的出生證也早就不見了。後來有人提議，不如做親子鑒定啊！

難道要做一個親子鑒定？我馬上搖頭拒絕了，因抽血的話，客戶不僅要忍受痛苦，萬一傳出去，還弄得很尷尬，以為家裏出甚麼事了。當時這個 Case 就陷入了一個僵局。

我感覺自己又陷入了新一輪可能失敗的絕望。

當我一籌莫展的時候，為了轉換心情，讓客戶先等我想想辦法，就來到了海南參加母校北京郵電大學的「地方校友會會長會」。那天天氣特別差，明明在中國最南端，下起了雨卻感覺溫度是在零下。雨中結束了一天的活動，回到酒店，我一個人躺着望向天花板，感覺很絕望，就想起團隊足智多謀的大師兄，和他聊聊天排解一下苦難，也想想辦法吧。師兄果然是很厲害啊，一句話就點醒了我：「不如試試『曲線救國』？你剛說客戶不是很喜歡穩健，買了很多保單嗎，不如問一下其他保單是怎樣證明親子關係的？」

果然是大師兄啊，只怪我當時已陷入了絕望中，腦袋已經轉不動了。回香港後，我馬上致電客戶，拜託她們找出以前的保單，提交給公司作為證明材料，並慌慌不安的等待新一輪「審判」。

過了幾天，保單最終批了！

不過，這幾張單最終能成功批核，我親愛的大老闆 Wave 才是真正的功不可沒，是他協助我完成「最後一擊」，才闖過核保部。

其實一開始公司也不太承認，因使用其他保單間接證明親子關係這件事，畢竟沒有先例，但是 Wave 教會我：事在人為，遇事冷靜處理。那天他親自開車帶着我拿上所有材料，去核保部的辦公室幫我爭取。進門前，我非常緊張，他馬上向我傳授多年的秘訣：深呼吸五次，平復心情，穩定情緒，然後以最冷靜的頭腦和最精煉的語言，為自己爭取權益，也一定要換位思考，理解核保部工作的辛苦和難處。

最終，我們以一個理由說服了公司：原來，當年客戶買其他保單的時候，相關的關係證明還在，所以在其他保單上可以清晰看到兩姐妹和父親的關係。

就這樣，一波三折的簽單和核保，歷時半年，終於塵埃落定了。

▲ 2017 年，我於團隊年會頒獎禮拿到最佳成長獎。

- 保險新人戰勝「心魔」：面對多大的客戶都要保持良好心態，勇於接洽，不要害怕被拒絕。

- 誰說客戶一心只追求高回報？愈是高淨值的客戶，愈有財富保值的意識。

- 追目標必備：掌握話術結構，於初次聊天就令客戶加速考慮。

- 大單，簽下來難，核保更是不容易。多積累核保經驗，愈早掌握客戶情況，愈能加快批核，掌握主動權。

- 遇事要冷靜，學會變通，從不同角度創造性地解決問題。

第四章

促成百萬美元儲蓄保單的鑰匙

Jasmine Li

　　本書的主題「大單」，顧名思義，就是高保費的保單，即高淨值人士的保單。通常高淨值人士身邊不乏多家銀行客戶經理，往往也有私人銀行的身影，競爭相當激烈。如何脫穎而出？一個給力的介紹人就至關重要！

4.1 發掘客戶的痛點和需求

　　中學時期的我是個學霸，全班 60 多人裏面我一直都是數一數二的好成績。全級十幾個班，一千人裏面，我也一直是年級前十名。中學時期的我非常刻苦認真地學習，從不敷衍，任何小題丟了分，都會及時總結，並紀錄下來，下次絕不再犯同樣的錯誤。對細節的關注是從中學時就養成的習慣。一直到今天，我依然有要麼不做，做就要對每個細節反復斟酌，確認無誤才罷休的習慣。注重細節的素質在工作中，特別是在和高淨值客戶打交道的過程中尤為重要。

　　由於中學時代是學校的風雲人物，同學們對我依然保留着當時的印象。某天一位中學同學聯繫我，詢問有沒有好的美金投資渠道，是幫 X 先生打聽的。我心想，我們公司的產品不是保障儲蓄投資、高槓桿人壽、信託等產品一應俱全嗎？關鍵都是美元計價的！

　　這位中學同學是前幾年微信剛剛火爆起來的時候，通過微信同學羣，與我重新聯繫的。我們在學生時代基本沒有講過話，只記得他當時學術成績確實一般。有次在我回老家時，他特意組織了規模不小的同學聚會，非常熱情地接待了我。沒想到當時成績平平的他，正在經營家族生意，還擁有幾間規模不小的餐廳。我不禁感嘆，商業社會中的各種能力與學校裏的書本知識和應試能力完全是兩回事，必須以成長的眼光看世界。

　　我的中學同學和 X 先生是關係密切的合作夥伴兼朋友，他的推薦比其他人的有力得多。

　　X 先生公司的產品暢銷全球，在香港有家註冊公司，而他在香港的銀行賬戶放着不少美金，需要尋求穩妥的美金投資渠道。X 先生的公司是該領域的龍頭企業，業務發展迅速，正處於擴張期，賬戶的資金隨時可能用於擴大生產。初步接洽後，X 先生就沒有再表現出明顯熱情了。可以理解，

他目前最關注的是「創富」相關的事宜，相對「創富」而言，「守富」和「傳富」就沒有那麼緊急。「守富」、「傳富」是不是真的「不重要」、「不緊急」呢？這就需要我們站在客戶的立場，努力幫客戶分析需求。

我伺機向 X 先生提示潛在風險，分享法商課程中學到的案例。「不少企業家都將注意力放在企業發展上，卻沒有意識到如果諸多風險處理不好，比如股權架構不清晰、債務風險、代持風險、婚姻風險等等，會讓自己辛苦打下的江山功虧一簣，累積的財富竹籃打水一場空。」

當年杜鵑女士運用價值 2 億元的保險和信託金，在關鍵時刻保住了丈夫、前中國首富黃光裕先生所一手打造的國美電器。我舉出這轟動一時的新聞作為例子，X 先生對這個事例的前因後果還是有所耳聞的，而且他是一位對家庭非常有責任感的男士，我適時對他說：「企業家除了肩負着企業責任，也肩負着家庭責任，任何時候都要為企業和家庭建設一道防火牆。當企業出問題的時候，家庭的正常生活才不會受影響。」

X 先生開始認真考慮將保險納入他的資產配置範疇。我說：「不少像您這樣成功而明智的企業家，已經有遠見地運用各種財富工具規避潛在風險，打破了『富不過三代』的魔咒。」

4.2 念念不忘，必有迴響

中國女性的地位在過去幾十年全方位得到提升，出得廳堂，入得廚房，巾幗不讓鬚眉地撐起半邊天。紅遍大江南北的歌曲「十五的月亮」裏就唱到「軍功章啊，有我的一半，也有你的一半」。過去十幾年，X太太和先生一起打拼事業，是企業的財務總監，出謀獻策，對公司日益壯大的發展功不可沒。最近三年，由於要照顧兩個年幼的孩子，X太太才將重心放在家庭上。

保險是家庭資產配置中非常重要的一部分，「怎麼買」、「買多少」，對整個家庭來說是一個重要的決策。保險通常是家庭的經濟支柱為了保障家人的生活而購買，務求家人在意外來臨時，依然可以生活無憂，承載着的是濃濃的親情和關愛，關乎整個家庭的幸福。女性在關愛家人、保障家庭的長久幸福方面，相比男性會更未雨綢繆。在確立誰是關鍵的決策人以後，我開始將重點轉移到X太太身上。

跟X太太取得聯繫後，我經常和她聊家常、聊孩子、聊共同的興趣愛好等。X太太喜歡各種小飾品，有家經營小飾品的網店。我不時在那選購些喜歡的，也推薦朋友去買。在日常的溝通中，我們加深了對彼此的了解，慢慢建立起信任和友誼。

「路遙知馬力，日久見人心」，在作為對方客戶的過程中，我感受到 X 太太是一位特別講誠信的人，買的物品有任何瑕疵會提前告知，也會根據我的喜好和氣質作出推薦，非常明白客戶的需求。多次交往下來，我很喜歡 X 太太。奇妙的是，人與人之間的感覺往往是相通的，對方可以迅速感覺到你是否喜歡她，也迅速地判斷雙方能否成為朋友。客戶買保險，買的是商品和人品，人品包含人的性格和素養，而信任卻可能僅僅是一種感覺。

事情的轉機在於 X 太太和朋友年底來香港聽某位「四大天王」的演唱會，順道打 HPV 針。我協助預約了打針，介紹購物的好去處，請她們吃本地特色菜餚，安排車輛接送，讓她們在香港的行程盡量舒適愉悦。這些事情是基本的地主之誼，即便不是客戶，對待家鄉來的朋友，我也很樂意熱情接待。我常常感謝我的工作讓我有機會款待各地來的朋友。工作時間彈性靈活讓我有時間陪伴朋友，而如果有緣對方能成為客戶，則是工作和接待朋友兩不誤。

在粵語的大環境裏，我們在逛街時不時以方言溝通，有種時空錯亂感，對眼前的朋友產生額外的親切感。雖然多年的海外生活，可能讓我學會堅強獨立，但是內心依然對家鄉有剪不斷的羈絆和濃濃的鄉情。

　　X 太太香港之行期間，我將公司精美的產品宣傳冊，以及為 X 太太一家度身訂造的方案拿給她，並介紹了產品的功能，以及講解這樣的籌劃如何解決醫療、教育等問題，達致家庭企業債務隔離和財富傳承。我也再次強調了穩健資產配置的重要性。她們聽完演唱會，打完針，幾天以後就回去了。X 太太很感謝我的熱情接待，表示回家再和先生商量一下。雖然內心抱着一絲希望，但是也做好了時機尚未成熟的準備。沒有甚麼好糾結的，因為我已經做到自己力所能及的最好。

　　從跟 X 先生取得聯繫開始，到 X 太太最終成為我的客戶，過程長達兩年。我不時向她傳遞資產管理的理念，當資產規模達到一定程度時要合理分配資產，不能把雞蛋都放在一個籃子裏；向她講解理財金字塔，中國人和世界其他發達國家的人民在資產配置比例上有甚麼不同等等。

　　兩個月後，X 太太要來香港打 HPV 第二針。X 先生因為在國外參展，未能同行。綜合考慮 X 太太一家目前和未來的現金流，以及家庭資產整體情況，確定每年 100 萬美元、繳交 5 年的教育儲蓄險，和每位家庭成員 50 萬美元保額多重賠付的重大疾病險。此外，再加上每位家庭成員的高端醫療險，總共加起來年繳保費為 105 萬美元，總保費更是達600 萬美元。

其實先前我做過最大保單的金額是年繳 25 萬美元、總保費近 150 萬美元，所以我也從來沒想過促成金額如此龐大的保單。有個小插曲是，繳費處的小姑娘刷卡的時候少數了一個零，我及時糾正了她，她難掩驚訝地重新數了兩遍。我當時的心情並顧不上欣喜，滿腦子想的是要把關每一個細節，過程不出一點紕漏。

由於保費金額比較大，手續會複雜一些，需要填寫財政問卷，以及提供客戶的背景報告等。為確保事情進展順利，客戶體驗盡量好，我多次和公司後勤部門提前溝通，查閱資料，每個細節都反復推敲。整個投保過程很順暢，我也長舒了口氣，感恩事先的準備功夫沒有白費。

4.3 「You jump, I jump!」，行動勝過千言萬語

我晚上剛回到家，X 太太就分享關於她網上購買的其中一款產品的文章給我，內容主要針對產品的流動性和分紅實現率。

當時 X 先生遠在地球的另一端參加展會，忙完才有時間和太太商討此次投保的事宜。夫妻之間交談的細節我不得而知，但是我知道面對家庭重大的財務決定時，客戶需要審慎考慮，而讓客戶買得踏實安心，我們作為專業的財務顧問是責無旁貸的。

關於流動性的問題，X太太的疑慮是「公司規模繼續擴大，如果急需要用錢怎麼辦？」作為一種中長期投資，保險確實跟一年半載便可以收回本金的銀行定期存款有所不同。《小狗錢錢》的作者舍費爾在書中揭示了一個讓人變得富有的秘密：你需要養一隻「肥鵝」，任何時候都不可以把「肥鵝」殺掉。「肥鵝」會日復一日地下蛋，給主人帶來源源不斷的財富。這隻「肥鵝」指的，便是不斷用於投資的本金。

我對X太太說：「這份教育儲蓄保險就是你們家庭的『肥鵝』，是為了保障孩子的將來而準備的，不能以任何理由殺掉。經濟有上行、下行週期，『黑天鵝』事件隔段時間就會出現。杜鵑女士就是因為有保險和信託裏面的『肥鵝』，才能在企業生死存亡之際讓國美電器東山再起。」

X太太進一步意識到，這次的配置不僅僅是孩子的教育儲蓄這麼簡單。我引用胡適先生的話：「保險的意義，是今天做明天的準備，生時做死時的準備；父母做兒女的準備，兒女幼時做兒女長大時的準備。」保險公司有專業的投資團隊打理客戶的資金，在複利的作用下，財富的累積效應十分驚人！其中一個絕佳的例子是，諾貝爾獎金從1901年的3,100萬瑞士法郎為本，到現在頒發了100多年獎項，獎金還能源源不斷延續下去。我說「複利被稱為世界第八大奇跡！您選擇的產品就是將『複利』作用發揮到淋漓盡致的最典型代表。」

對於分紅實現率的疑問，我直接提供公司官網相關的連結，還有歷年推出所有分紅產品的數據。公司的分紅實現率一直以來非常穩定，作為恒生指數成分股、跨越世紀的百年品牌，絕對是信譽和品質的代名詞。

我自己正好在一年多前購買了同款產品作為養老儲蓄，於是我將保險合同拿給 X 太太看。雖然金額只是對方購買金額的百分之一，但是我用行動表明我對公司產品發自內心的認可。套用《鐵達尼號》流傳至今的經典對白就是「You jump, I jump!」，任何時候行動都比語言更有力量。

X 太太談到自己和先生是白手起家，遲遲沒有行動是因為曾經投資失敗，與其損失，不如求穩。一次送她回酒店的車途中，她望向車窗外，不經意地說：「我再也不想回到過去一窮二白的生活了。」夜幕裏，我很動容，喉嚨有些堵，眼睛有些濕。客戶的財富來之不易，挨過清貧和艱辛的歲月積累下財富，然後交給我打理。我從心裏感謝他們的信任，也暗下決心要在行業長長久久地做下去，不辜負他們對我的信任和依賴，全心全意地守護他們的財富和家庭。

- ◆ 持續擴大交際圈，贏得源源不斷的轉介。

- ◆ 客戶的痛點和需求是開啟心門的金鑰匙。

- ◆ 找到關鍵決策人是成功的第一步。

- ◆ 80% 的銷售源於第 4 至 11 次的跟進，深挖一口井，曙光就在前方。

- ◆ 放下功利心，跟客戶做真正的朋友。

- ◆ 成為客戶財富和家庭的忠實守護者。

- ◆ **處理異議**：一．回歸客戶需求，保險是孩子未來教育的儲備金，是家庭資產配置中的「肥鵝」。

    二．「複利」是世界第八大奇蹟，財富累積效應驚人！打造世代傳承的「傳家寶」。

    三．數字會說話 ── 白紙黑字，詳盡的數據佐證。

    四．是否真的那麼好？行動勝過千言萬語。

第五章

個案 4

走入高端客戶生活圈的秘訣

Winson Cui

5.1 把握獨董契機

　　我跟很多人一樣，入行時是一個很平凡的人。一個內地生在香港攻讀碩士學位，畢業後在 2006 年加入保險行業，當時也沒有甚麼人脈，認識的都只是大學同學。客從何來？所以一開始，我是做冷銷（Cold Call）為主，又不斷參加各種活動認識更多的人。

　　我相信「一勤天下無難事」，不論大單小單，大客戶小客戶通通都做。短短兩、三年間，我累積了差不多 300 個客戶，他們包括在香港工作的教授、律師、銀行家等各行各業的人。

　　要成功必須把握到一些契機，帶來契機的通常可以稱為貴人。客戶多的其中一個好處就是機會多，特別是我的客

戶行業類別也多，遇到貴人的機會也更大了。我首張大單的貴人就是認識多年的客戶和好友，他引薦我擔任某上市公司的獨立非執行董事。我與他相識多年，平時很照顧我，我自己也十分重視這位朋友，他有甚麼困難，我必定竭盡所能相助。雖然他是我的客戶，但大家談的絕不止是產品，若他公司有人脈資源的需要，我也盡量幫他連結人脈，畢竟從事保險認識的人多，就有這個好處。正因如此，我和這朋友建立了一份無形的信任。

我人生的重大機遇，發生在 2012 至 2013 年間。朋友原本是一家上市公司的獨立董事，同時在銀行內擔任高層，因為某些原因不能再出任獨董位置，而這個職位必須由一位金融領域的管理人才及香港永久居民出任。朋友知道這消息時，第一時間便問我：「有沒有興趣做這位置？」

當時我不知道獨董具體要做甚麼工作，也不知自己是否夠資格，不過朋友說我一定能勝任，我也覺得這是一個難得的機會，可以踏進自己從未接觸過的圈子，既好奇也興奮，於是一口答應。想不到這機遇助我走向事業的其中一個高峰，簽下人生首次超過 100 萬美元的大單。如果當時的我有一點點遲疑，就會白白錯失了這個黃金機會。

5.2 董事生涯的奇遇

可能大家會好奇，獨董究竟做甚麼呢？其實工作並非想像中般複雜。獨董是獨立於股東且不在公司內部任職、也不會與公司管理層有重要聯繫的專業人士，目的就是要給中肯、客觀的獨立意見。因此出任獨董的最大任務，就是開會發表意見。

擔任獨董必須先取得董事資格的證書，委任我的這家公司全費資助我參加培訓及考試。記得 2013 年我飛到上海一家五星級酒店培訓，參加的人有老師、律師、會計等不同領域的專業人士，當中不乏在社會具知名度的專家。

培訓一連兩天舉行，大家晚上一起吃飯、聊天，認識很多新的朋友。其後我們每人都獲發一份名冊，方便聯繫，至今還有很多人依然保持朋友的關係。

提起名冊，當中有一段小插曲。在培訓第一天完結後，我收到一通電話，說：「你是崔董嗎？我是獨董培訓班的同學，在名冊上找到你的聯絡電話。我們今晚約了幾位同學一起打麻將，聯誼一下，你有沒有興趣一起啊？」我本身對打麻將興趣不大，而且晚上也約了朋友吃飯，所以婉拒了。

▲ 與董事培訓班的同學合照。

　　第二天早上，當大家吃完早餐準備開始培訓時，導師走進來，鄭重其事地說：「請各位同學小心電話騙徒，昨天晚上有人冒充我們學員，致電其他學員詐騙，大家要留神一點。」導師沒有詳細解釋發生甚麼事，但大家議論紛紛，後來從其他同學口中得知，原來昨晚有同學去打麻將，騙徒設了「天仙局」，結果同學輸了好幾萬元。估計是有同學不小心把名冊隨意擺放或弄丟了，讓騙徒有機可乘，我也慶幸自己躲過一劫。

　　我順利地取得證書，然後便要參加一年兩次的董事會

議。委任我的公司總部在合肥，所以我經常飛到當地開會。幸好行程所花的時間不多，通常第一天上午跟董事長、重要股東、公司管理層等開會，中午一起吃飯，有需要的話下午繼續開會，住一晚後第二天就離開。我是安徽人，那家上市公司董事會裏有很多同鄉，特別同聲同氣，其中一位劉總和我非常投契，幾次開會相處，大家都對對方的專業領域表示欣賞和尊重，信任度也不斷增加。他多次給我推薦客戶，是我事業的另一位貴人。

5.3 初見張總，方案受挫

某天早上開完會，我收到劉總的短訊：「雲飛，介紹一位客戶給你，是大客戶，你好好幫她策劃一下。」初時我也沒有特別在意，因為從業這麼多年，收過很多客戶轉介，通常要到真正接觸客戶後才知曉會否有下文，所以就抱一貫的方針，先去了解客戶有怎樣的需求再說。然而，萬萬想不到，這位客戶最終幫我買了入行以來最大額的保單。

這位大客戶是一位大約 40 多歲的女士，我稱呼她為張總，是一家每年生意額上億的家族企業董事長。她有兩位弟弟，三人一起打理業務，但公司以張總為核心管理人物。張總持有香港的身份證，在境外有自己的公司及一些美元資產。我們約了 12 月某一天的早上，在她香港的公司面談。

　　我約了張總早上 10 時 30 分見面，並提前 10 分鐘到達其公司。跟接待處通報過後，很快便有職員帶領我直接前往張總的辦公室。張總很客氣迎過來：「雲飛來了，來來來，到沙發這邊坐。」張總沒有帶我去會議室，反而在辦公室見面，這對我來說是個好信號。辦公室佈置簡約而不失尊貴，可以明顯感受到房間主人的大氣和幹練。

　　見面前跟張總通過一次電話，當時已經感覺到她很隨和，沒有架子，大家溝通也很好，我在掛電話前更說：「您是劉總介紹的朋友，我一定會盡力幫忙，請別客氣。」

　　坐下後閒聊幾句，張總說兩位弟弟也在公司，便讓他們一起過來了解產品。由於張總最初的目的是希望了解醫療保險，所以我們一開始便圍繞醫療保險作探討，由個人醫療到公司的團體醫療，從境內到境外都有涉及。討論完畢後，結論是公司購買團體醫保會比較經濟實惠，直接在原有團體計劃上增加個人保障就好，這便壓根兒跟我沒關係了。

　　像我先前所說，很多事情是要跟客戶了解過後才能知曉真相。這種情況很常見，我們的目的也是要更加清楚客戶的需求，而不是單靠硬銷產品打天下。

5.4 高端客的重中之中 —— 無憂養老

結果不似預期，但就此離開也不是我想要的結果，當時我腦海浮現早前在大團隊培訓時，一位元老級嘉賓的話：「客戶需求是發掘出來的，不能指望客戶自己告訴你。」於是我決定繼續和他們聊下去，並試圖尋找一些機會，但好像一直未能找到突破口。

這時候張總接到一通秘書打來的電話，我無意中聽到她跟秘書說，要確認一下她上次跟一家內地保險公司談的退休社區保障計劃。原來她正在考慮退休產品，我發現這可能是個機會。

在張總掛電話後，我嘗試展開退休的話題，氣氛立刻起了明顯的變化。他們開始滔滔不絕說起退休的議題，包括養老社區的好處、退休後生活的安排、年老後的醫療開支、未來美金和人民幣的風險、孩子未來各種生活所需，還有應該為孩子做甚麼準備等。

原來張總有位獨女，她希望在自己退休安定後，依然能給孩子提供更好的經濟保障。雖然她現在不愁錢，但誰敢說以後呢？聊到這裏，我自己也上了一課，有錢人原來更關心退休安排，特別看重穩定和保證，反而中產人士在理財的時

候會較為樂於追求機會和投資回報率。後來我也多次嘗試和其他同類型的客戶提到這個話題，果然很多人對此都感興趣。

看到大家熱烈地討論，我知道應該開始進入主題了，乘機問他們做了甚麼退休準備。張總說：「現在有一些房地產投資，也有一些金融資產在私人銀行，不過回報一般。先前也有買大額人壽和退休保險，至少發生甚麼意外的話，女兒的生活也不受影響，退休準備我想應該也夠了吧。」

很多前線銷售員一聽到客戶有這麼多投資，又買了保單，便會停下不再跟進，白白放走了一位客戶。我的做法是繼續了解客戶為甚麼要買那張保單，而該保單又能否切合客戶的需要。

我問張總：「有沒有計算過退休之時，每月要拿多少錢才足夠生活？」

「我想每月大概 6 萬美元吧。」

「房地產及金融市場投資回報雖高，但不穩定。一旦遇上金融風暴，資產價格可以大跌，退休需要穩定的現金流，太高風險的投資便不太合適。你說在香港有買退休保險，大

概買了多少？」

「一份 5 年期的儲蓄保險，每年保費 20 萬美元。當時在境外有一筆美元資產，又覺得香港的年金計劃很有優勢，所以就買了。」

「有算過那份計劃拿到多少錢嗎？」

「沒具體計算過回報，當時只是看銀行內有多少美元，就買一些。」

很明顯，當時張總對產品的了解很有限，所以我主動向她解釋這種保單的分紅原理和派發形式，説明各家公司的優點和缺點，再告訴她在通脹和分紅因素的影響下，目前的安排未必能夠滿足她的退休想法，建議她增加退休保險的金額。另外從安全性而言，保單分散在不同公司配置也有助分散風險，退休時便可以更安心。

我接着介紹我們保險公司的全球實力，利用公司的銷售工具講解產品優勢。這時候張總的弟弟有一點猶疑：「保險是長線投資，過早提取資金會有虧損，如果突然要提取資金應急，保險就沒有這個彈性。」

　　我回應說:「這是資產配置的比例問題,我們目前大部分資產還是靈活的,反而放在保險的資金比例相對小,有增加的空間。正如你們做境內和境外的資產配置,增加境外美元資產投資來對沖人民幣下跌風險一樣。另外,你們目前是為退休作準備,把資金放在低風險的美元保單,即使其他投資有損失,也不會影響到退休計劃。」

　　看到大家沒有更多疑問,我乾脆拿出公司的年底優惠單張,藉此刺激客戶即時購買的意欲。最後張總直接拍板,三人合共買了四份五年期的退休儲蓄保單,年繳保費總共 104 萬美元,成為當時我入行以來首次超過百萬美元的大單。

　　如果要說簽成這次大單的關鍵,第一是要和重要客戶打好關係,沒有我第一位朋友引薦我出任獨立董事,便沒有機會認識到劉總,那我後來就絕不會接觸到張總。第二就是當機會來到的時候要好好把握,做好服務,遇到異議便冷靜處理,盡量呈現自己的專業,令客戶信任自己,才能無往而不利。

=== 學習筆記 ===

◆ 接洽客戶的方式有很多，接觸高端客戶最好的方式就是走進他們的生活圈，當有這樣的機會一定要學會把握。

◆ 在高端客戶圈，最重要的事情是不斷學習和了解高端客戶的想法，成為相互尊重的朋友。

◆ 客戶口頭告訴你的需求未必是內心真正的需求，要學會因勢利導，轉危為機。

◆ 必須知道無憂養老是中國高端客戶後半生最關心的話題之一。

概念篇

第六章

如何與身價上億的客戶做朋友？

Effy Feng

對待普通的中產客戶，一般同業諮詢和切入點都不外乎全保概念中的重大疾病保障、高端醫療保障、教育和養老金儲蓄，最多再加上人壽和意外保障。極少理財顧問會從保費融資、貸款和保單信託的視角去切入，但不得不承認，機會真的青睞、眷顧有準備的人。

6.1 保費融資：逆向思維突破困局

剛剛轉到新公司不久，一位舊客戶給了我一個新的轉介。剛開始我們聊的不太多，她總是很有禮貌地回答我的所有問題，哪怕並非及時，但從不會故意遺漏，或是視而不見。我對她的好感慢慢增加，在這個行業讓我們有更多機會觸及人心，愈是高淨值、高收入的家庭，素質和涵養往往愈高。很多時候，那些經常無故失蹤，對你字裏行間流露出牴觸抗拒，甚至屏蔽你朋友圈的「新朋友」，往往是財富金字

塔的中低層；那些不顯山不露水，但言語之間溫和有禮的人，往往身價了得。

不過剛開始我並沒有意識到這一點，只是單純地很喜歡她的為人和溝通方式，卻一直深陷在一款最熱賣的產品裏兜兜轉轉出不來，因為沒有一個契機去深入了解他們家的資產量級和未來需求，我的預算一直出在 5 萬到 10 萬美元之間，但獲得的反應始終不溫不火。對於這一類五年期的美元儲蓄產品，各大公司都在熱賣，有人把它比喻成金融房產，有人用它去「富傳三代」，但總是有些客戶就是對它無動於衷，那該怎麼辦呢？我相信這可能是很多同行面臨的問題，當你覺得所有人都需要王牌的美元儲蓄產品，且自己的 Presentation（計劃演繹）已經接近完美之時，絕對還有一些客戶沒有太強烈的興趣和反應。一次又一次的無效溝通讓我有點心灰意冷。

反思和反覆嘗試中，我告訴自己，當不知道問題卡在哪裏的時候，與其反反覆覆、原地踏步，不如從頭來過，重新做一遍整個銷售循環，尤其是最重要的 Fact Finding（資料搜集），也就是私人銀行最重視的 KYC —— Know Your Client（深入了解你的客戶）。我們的老闆 Wave 經常說一句話，完美的 Presentation 是不會有 Objection（異議）出現的。因此一定是哪個環節出了問題，你自己一定要平心靜

氣，深入分析，才能找到真正的原因。

終於，又一次上完私人客戶服務部的課程後，我有了靈感，為甚麼不嘗試跟她講一講保費融資和貸款的概念呢！因為在先前的聊天中，我隱約感覺到她們家的投資風格比較進取，雖然不知道具體數字，但感覺投資私募基金的比重較大，家庭資產量級不會太小，而一般教育、養老的儲蓄金額對他們來說沒有太實際的作用和意義。不過保費融資就不同了！

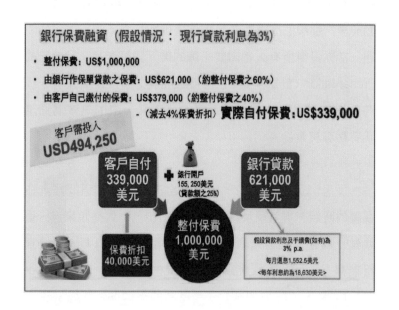

　　有一次，她帶孩子來香港迪士尼樂園遊玩，路上我嘗試問她：「如果有機會可以用很低的成本，撬動一個比較高的槓桿，來做一份保費融資，你覺得如何？」

　　她有點似懂非懂，回答：「聽起來好像很吸引，但會不會很複雜。」

　　我微笑着說：「不會的，首先要知道甚麼是保費融資就行。最簡單來說，就是用很低的自付成本（32 萬美金），聯合私人銀行的低息貸款（68 萬美金），形成一張 100 萬美元的儲蓄分紅類／大額人壽類保單。

　　她流露出一點興趣，接着問：「還有甚麼別的好處嗎？」

　　我緊接着回答說：「不僅可以享受香港的超低息貸款，還只需要償還利息，不需要還本金！」

　　她開始有點跟上我的思路，問到：「是不是跟我們平時買房的概念類似？」

　　我說：「對極了！但是償還利息的方式完全不同，如果只還息不還本，我們的成本節省了很多呢！」

她有點猶豫地問：「那風險會不會很高呢？」

我胸有成竹地回答：「不會的，這個產品在官網上的實現率非常穩定，一直都在 100% 或者極其接近，我們買得放心安心。」

她突然想到甚麼，又問：「那香港的利息會不會比較波動呢？」

我提前做足了功課，回答起來也遊刃有餘，說：「我做了現行利息 2.5% 和最誇張的 5% 兩種對比的表格。就算利息翻了一倍，複利仍然高於一般理財產品不少。如果約 10 年後覺得利息變得較高，完全可以立即償還貸款，並開始取分紅，又或者保單退保取現金價值，減去利息都已有非常好的收益。」

她開始有些心動，說：「聽起來真的是低成本、低利息、高收益、高安全性。有這麼好的事嗎？」

我說：「不僅如此，還可以擁有屬於自己的一個私人銀行賬戶，真的是一舉多得。」

沒想到，這話匣子一開，竟然無比地順暢，果然因為她

們家常常在內地做一些帶槓桿的投資，賺過很多，也虧過很多。不過投資風格是極端保守加激進的綜合版，保守在於希望能夠更快回本，比較看重短期收益，不願意太長線持有，願意整付，不願意分年付；激進在於習慣於投資帶槓桿的產品，願意承受一些利息上行或者下調的風險去創造更大的收益和價值。

能夠一拍即合，我當然非常開心，但緊接着問題又來了，雖然我經驗不淺，但在這方面還是屬於一位「新人」。我決定「先敢做，再去做」，如果還沒開始就被自己假想的困難嚇倒了，那我真的辜負自己一路走來披荊斬棘，以及這麼多勇敢的抉擇和努力了！

6.2 如何處理幕後「話事人」？

作為同行的我們一定都遇過同樣棘手的問題，一個家庭中做主拍板的那個人你一直見不到，怎麼辦呢？有時候是先生，有時候是父母，我們只認識太太或者子女，他們只是充當「資訊傳遞者」的角色，大多數時候他們沒有辦法促成一個決定。那我們就應該望而卻步，或者無限期地等待嗎？

不是的，其實方法很簡單，不外乎兩個思路。第一，盡可能創造機會，傳遞信任，努力求見家庭中掌決策權的那個

人。方法可以很多樣，比如和二代做好朋友，成為他／她的軍師，以閨密、死黨的身份去家裏吃飯或者小住，言談舉止間自然而然地呈現自己的優點和專業，讓長輩們由衷地欣賞你，讓他們很開心自己的孩子和你在一起成長和進步。

第二，你仍然可能面對永遠見不到的「話事人」，他們不是太忙就是身居高位，沒有時間也不方便見你。那麼必須更加緊密地和你的「身邊人」達成統一戰線，設身處地為他／她着想，體諒他／她的一切難處，他們的生活也並沒有我們看起來的那麼簡單如意。就像戰國四君子裏「雞鳴狗盜」的那個故事，說服不了皇上，就從說服他的妃子開始。關鍵中的關鍵，就是他們覺得你隨時隨地在為他們的長遠利益考慮，你想到的不是自己，而是他們。

我的例子就是第二種情況，講事實，擺道理，我積累的經典案例之「一千零一夜」都用出來了，最終令她成功遊說父親，促成了 200 萬美元的保費融資。

▲ 多跟團隊成員一起研習各種處理異議的方法，有助促成交易。

6.3 保持「童心」，充當守護者

我自己是北方人，雖然已在香港生活十年，講廣東話的時候仍然會有點「水土不服」，所以每次回到內地，都感覺這裏的朋友相處起來更加志同道合、志趣相投。感謝教育和理財這兩個行業所積累的經驗，我在當老師的時候，期待於每個孩子心裏埋下一顆熱愛中文的種子，令他們可以像蒲

公英一樣飛往世界各地；現在當了理財顧問，我發現自己很多時充當守護者的角色，用真誠和專業去守護客戶們的財富和健康。

　　我更與不少客戶成為終身的好朋友，甚至像家人一般，去到每個城市，不論風雨大雪，總是有人接送、安排食宿，以及為我準備住家菜。漂泊十年的遊子，覺得自己在每個城市都是有根的。真心總會被發現，當你像一個孩子，放下功利心，用心堅持長期自我提升，用心經營每一段關係時，必會獲得更多一輩子的朋友。這個道理在組建團隊時也一樣適用，所以一路走來也有愈來愈多的同行 Leader 加入我的團隊。我和這位客戶兼好朋友已約好於暑假，帶着孩子一起再到洛杉磯自駕遊。期待每一位讀者，每一位同行，也可以在自己事業的平台上，保持一顆「童心」，結識更多一輩子的朋友。

- ◆ 工欲善其事,必先利其器:在專業方面,持續並踏實地深入學習和積累是關鍵。

- ◆ 不要套用單一保單在所有客戶身上,敢於逆向思維,從客戶的最真實需求出發。

- ◆ 遇到見不到的「話事人」,及時調整思路;嘗試「曲線救國」,也可事半功倍。

- ◆ 真正的大客戶都值得我們用心交往,用心學習,成為一輩子的好朋友,加單自然水到渠成。

第七章

個案 6

高淨值人士必須懂的保單技巧

Maryanne Liu

7.1 以 CRS 痛點引起客戶興趣

2016 年底，上一個大單客戶的鄰居，也就是我最初的介紹人（Center of Influence，簡稱 COI）一家，終於也心動了，開始向我諮詢相關的情況。其實當時我經常有意無意地尋找機會，去和 COI 家庭對話，聊聊我客戶一家的近況，聊聊她們為甚麼會選擇投保儲蓄計劃。

特別是，我用了以下這段話，成功引起 COI 家庭的興趣。

「貝總，您作為企業家，一定聽説最近政府正在籌劃，陸續加入到共同申報標準（Common Reporting Standard，簡稱 CRS）協議當中吧？」

「是啊，我正有點擔心。」

「是啊，其他企業家也和您一樣。不過，我倒是有個好辦法，您不妨聽一聽。CRS 雖然要求所有金融機構都提交資訊給各國政府，但是我們的保單，有一個隱蔽的『時間窗口』或許能幫到您。」

「哦？你說來聽聽？」

「我們的保險具有它的獨特魅力 —— 長期性。銀行申報給政府的是客戶的資產總值，基金證券公司申報基金證券的淨值，而保險公司申報的卻是現金價值。那甚麼是現金價值？其實就是保單退保能拿到多少錢。市面上大部分的保險合同，都是長年期的，最短都要一年、五年、十年，對於長年期合約，退保就相當於提前違約，當然拿不到全部本金，因此我們有些分紅保單，前幾年退保現金價值近乎為零。」

「啊，一分也拿不回來那很虧啊。」

「不，反而看起來前期退保很虧的保單，在 CRS 背景下，卻成為很多像您一樣企業家的『心頭好』，因為這類保單可以給您提供一個很好的『時間窗口』。雖然我們的財富都合法、合規、合乎稅務要求，但是心裏總會有點擔憂，怕萬一有點甚麼自己疏忽漏掉的，對吧？家裏最基本生活的保障，無論如何，都要放在最穩健的賬戶，跟債務、稅務都無

關的賬戶，對吧？我們的保單，前三年對 CRS 來說是幾乎隱形的，那麼在三年中，您就有了充足的時間去調研考察做其他準備，比如搭建家族信託，讓保單和您的其他財富，徹底隱形。所以啊，對於配置了我們保單的客戶來説，CRS 就是三年後的猛虎。對於沒有配置的人來説，猛虎馬上就來了。」

「有意思！我要深入研究一下。」

CRS 誕生的背景：

在這個世界上，富人和政府自古以來，無論東西方，永遠在博弈。私有和充公，永遠在戰鬥。

富人們期待自己的財富愈積愈多，財富傳承多代，福澤後人，而政府的工作，就是調節貧富差異。兩者之間的博弈，永不停息。隨着全球化趨勢，各地之間的聯繫愈來愈緊密，很多人開始尋求多地配置資產，利用跨境跨地區間税點的差異，實現「税務套利」。然而，道高一尺，魔高一丈。CRS 就於這樣的背景之下產生，多國政府眼紅着美國肥咖法案 (Foreign Account Tax Compliance Act，簡稱 FATCA) 的頒佈與執行後，「追討」回一大筆流落在外的税項，養肥了政府，便想着可以攜手合作，資訊互通有無，一起掌握富人跨境的資產情況，打擊跨境的偷税漏税，從而共同協商並敲定了 CRS。

▲ 全靠兩個大單和日常客戶的積累，讓我成功問鼎 TOT 2017 。（攝於 2017 年公司 MDRT 晚宴）

7.2 重組家庭必買的保單

「那你幫我規劃下吧，我們家情況也比較特殊，你知道的。」

原來，我的 COI 家庭是一個重組家庭，貝先生和前妻育有一女，和現任太太育有一子，也可以説是兒女雙全了。

不過，大家都看過電視劇，也一定知道豪門的爭產劇情，防不勝防啊，以後兩個兒女之間，如何分配財產，如何傳承，萬一孩子覺得不公，家大業大，會不會發生爭產劇？果然這也是貝先生所擔心的。

我：「當然可以了，貝總。保險相比其他資產，有以下三個不可替代性，恰好能夠為您排憂解難！根據您的家庭情況，建議這樣設置保單的持有人和受保人架構：

1. 高分紅美金保單，由您做持有人，兩個孩子做受保人，一人一份，一碗水端平，長線高收益，保障他們未來無論在中國還是世界其他地區生活、學習、工作，都能有一份穩定的現金流收入，抗通脹，以及增值；
2. 同時再來一份，同樣金額，由您自己做受保人，加大人壽槓桿，受益人寫兩個孩子，一人一半，公平公正公開。

以上的保單架構和儲蓄保單本身，有三個我們不常提到的好處，對您而言非常有用。

1. 確定性。投資有風險，經濟有週期，兩個孩子都是您的心頭肉，如何能給他們未來穩健無憂的生活？分紅保險投資的秘密武器就是穩定的收益，而我們

公司又可以做到『非保證中的保證』，讓他們未來無論經濟形勢如何，各自的發展如何，都能有一筆相同金額的現金，每年領取至終身，還可以根據未來的生活狀態，靈活選擇提取的金額，這樣您肯定就放心了吧？

2. 保險理賠金的可分割性和隱蔽性。您現在辛苦打拼賺錢，為了甚麼呀？其實無非就是為了傳承給孩子嘛，那您有沒有想過，假如傳承的時候，是其他資產的形式，比如房子及股票，都會涉及『在甚麼時候賣出』的問題，這就牽涉到不同人對資產當下價值的判斷，也就是估值的問題。所以，假如給了兩個孩子一套房子，但是大家意見不一致該怎麼辦？房子要分割，必須賣出去，或者另一方貼現給一方，另一方能不能掏出一筆現金貼現？這些都是我們要提早考慮的細節問題。

不過，保單就沒有這種問題了，只要有可保權益，受益人寫幾個都行。您作為持有人，隨時可以更改受益人，還可以按照想要的比例來設置，更重要的是，您還不必通知受益人讓對方知道，隱秘性很強。您的兩個孩子還小，讓他們知道自己是大額保單的受益人，可能會耽誤個人奮鬥的意志，隱藏起來，是非常有利於孩子們長遠發展的好事。

3. 身故理賠金不收稅。在世界上大部分國家和地區，

保險公司賠償客戶的身故賠償金，都是商業行為，毋須經過遺產繼承手續，而且也不需要收稅。因為理賠金是彌償，而不是收益，是我們保險公司計算了一個人他有多少身價，能為他關心在乎的家庭創造多少價值而衡量決定的，並沒有賺錢增值的屬性。因此，買保險就像買入了期權，您付出了保費成本，當觸發了特定條件時，就能行使您的權益。未來全球稅務情況都將愈來愈透明，如果能擁有穩定的低稅資產和免稅現金流，就是未來的財富大贏家。

以上的架構設置，您滿意麼？」

貝總：「好，很好！真的是説到我心坎裏了，一舉三得解決了我很多心頭大患啊，那就按你説的辦！」

很開心能得到客戶的肯定，我更感恩在我們的大團隊，大老闆 Wave 一直強調要專業，要持續進修，所以我們優秀上進的同事很多。大家除了保險知識以外，都會學習各類金融稅務及法律相關知識，務求從各種角度協助客戶做到更好的資產配置組合，全盤考量風險，轉移風險。

最終，他們一家配置了總額 300 萬美元，10 年期的儲蓄計劃。

7.3 億萬客戶的故事讓我終身受用

其實，還有一件小事讓我久久不能忘懷。

那天，我陪着他們一起在香港西貢的釣墨魚船上遊玩。我無意中發現，太太和前妻孩子的關係也非常好，不是裝出來的那種好，而是真的親密無間，相互關心和愛護。幼稚的我，還挺驚訝的，我以為只要是女人都比較難接受，大家也不容易相處吧，畢竟是重組家庭，前妻的孩子也不是親生孩子。

於是我偷偷在沒人的時候問了一句：「你不擔心嗎，比如以後如何保障好自己孩子的權益？雖然我沒結婚不懂，但是電視劇裏爭產的劇情好像還挺多的。」

女主人説：「兩個孩子好，爸爸就高興；爸爸高興，一家人都高興，我就高興。不是親生的也是我老公的血肉，兩個孩子都好就行了，家和萬事興。」

我瞬間無地自容，感覺自己簡直太渺小醜陋了，需要原地反思自己的幼稚和不成熟。

那天我們在西貢的遊船上，她説這句話的時候，正好有

晚風襲來，我感覺女主人身上閃耀着睿智的光芒。一名成熟、包容、識大體的女性，才能與如此幸福美滿、日漸興旺的大家庭相稱。我想，這一定又是個可以富過三代的閃耀家族。

在填保單受益人的時候，她也主動提出：「別寫我，都寫兩個孩子。」不過，在她看不見的時候，男主人一直偷偷問我：「我該如何通過保單，給老婆更好的保障？」

這樣互相「偷偷」替對方考慮的婚姻，多麼讓人羨慕啊。幾十年的相愛和關係的經營，靠的都是兩個人發自內心的相互關心、愛護、尊重和包容。

從我加入保險業到現在接近五年來，其實我時刻都在觀察和學習我的客戶，特別是那些睿智的高淨值客戶羣。從他們身上收穫和學習到的，是無法用金錢來衡量、足以讓我用一生去學習和實踐的寶貴財富。這也是我十分熱愛自己保險事業的最重要原因之一，如果我只做一份朝九晚五的打工族，可能一輩子都無法深入聽到他們的故事，了解他們的一生。我想多做大單，再做幾個 TOT，更多的是因為我想與這個世界上最睿智的優秀人士為伍。服務他們，靠近他們，觀察他們，就已經是人生最好的修煉、學習和成長。

學習筆記

- 有時候看起來的「缺點」，找對人羣，切中客戶需求，就可以成為一把利劍。

- CRS 背景下，保單就是未來高淨值人士的優質免稅資產，保障現金流必備。

- 高淨值人羣，通常責任大、風險高，需求也複雜，他們更需要的是一個全盤解決方案，結合法律稅務等角度去搭建保險架構，更能走進他們的心。

- 保險人最大的財富，是服務優質的客戶，向他們學習，一起成長。

第八章

個案 7

高端醫療險及教育儲蓄的 One Time Closing

Jasmine Li

　　日本設計大師山本耀司説：「我從來不相信甚麼懶洋洋的自由，我嚮往的自由是通過勤奮和努力實現更廣闊的人生，那樣的自由才是珍貴的，有價值的。」

　　我們不斷學習積累，例如參加認可財務策劃師（CFP）、認證私人銀行家（CPB）等課程，持續提升自己的能力，和優秀的高淨值客戶在更高處相逢，為客戶提供保險以外的多重價值，比如是信託架構、設立 BVI 公司税務籌劃、子女到國外一流大學留學等，而不僅是一個容易被取代的推銷員。

　　保險以外的專業服務並不需要我們親自去做，但是我們要有各方面的知識儲備。當客戶有需要的時候，馬上可以對接該領域裏最專業的人士。

8.1 國際展會上的奇緣

　　某個平日下午,我收到在廣州工作的表哥的微信訊息,說下週要來香港參加化妝品行業的國際展覽,約我一起吃飯。他説他們一行人的英文不好,希望我能陪同,當跟國外參展商交流遇上語言障礙時,能夠從旁協助。我大學本科主修商貿英語,大學三年級時通過了英語專業八級考試,又在美國留學及工作共八年時間,故表哥對我的英文水準充滿信心。我很爽快地答應表哥的請求。

　　表哥、他們公司的董事長 A 女士及其先生,跟兩位助理,在香港的行程很緊湊,接連兩天分別去了亞洲國際博覽館和會展中心。兩天的下午我都有陪同,義務協助他們和參展商溝通交流。我平時就喜歡琢磨化妝品,比如產品成分、各品牌的歷史、市場定位、王牌產品等。這次隨行翻譯的經歷,讓董事長夫婦對我有非常好的印象,覺得我專業幹練,舉止大方得體。

　　A 女士是位 30 多歲,注重生活品味的女性,也非常關愛家人,希望給家人高品質的生活。她的理念也比較先進,樂於接受新鮮事物。後來我們在朋友圈持續關注對方,保持友誼。

一週後，Ａ女士邀請我吃飯，答謝我於上次的展覽義務協助翻譯。這時候董事長才得知我的真正身份，是某家大型保險公司的財務策劃顧問。原來表哥並沒有介紹我的職業，我沒有主動講一句保險，只是細心去了解客戶的家庭情況、公司經營情況、作了哪些投資、有甚麼擔憂和顧慮、對孩子有甚麼期望，及以後有否出國留學的打算等等。我送給她幾張香港嘉年華的入場券，邀請她帶孩子來香港玩。她平時工作繁忙，很少有機會能完全放下工作，全心全意地陪伴她４歲的兒子。

兩週後，Ａ女士和先生帶着孩子來到香港嘉年華，我也帶着孩子一起，大家度過了非常愉快的一天。晚飯時，Ａ女士問起我為甚麼離開美國，選擇到香港。我說自己在中國內地出生長大，完成大學教育再出國的我們，內心對自己是華夏兒女的文化認同感很強，香港和內地同源同種，又是法制健全的社會，非常適合我們有海外高等教育背景的「海歸」。我們談起了香港的教育醫療與內地的區別，談到內地很多高淨值家庭都放眼全球，生病了選擇到世界醫療水準最發達的國家和地區治療，孩子也會從小就以世界一流學府為目標，比如考進美國長春藤聯盟的大學、英國的牛津劍橋等等。

Ａ女士身邊家庭條件好一點的朋友，也不乏子女在國外名校讀書的，她非常羨慕。由於她自己的孩子還小，所以還

沒開始籌劃。作為兩個在香港就讀國際學校的孩子的母親，加上美國和香港十幾年的生活經歷，我對國際化的教育和醫療有很多親身體驗，並有自己的想法和規劃，可以跟 A 女士分享。我推薦了一些子女教育的書籍給她，還有幾個在線音頻節目，有不少子女教育方面的專輯，比如樊登讀書會的「養育男孩」、「如何説孩子才會聽，怎麼聽孩子才會説」等等，非常適合工作繁忙的 A 女士在駕駛、梳洗等碎片時間收聽。我還邀請她加入幾個質素比較高、不定期會邀請教育專家分享教育和留學資訊的微信羣。

　　至於醫療，我分享自己初來香港因胃潰瘍緊急入院的經歷，而當時我只有丈夫任職的大學提供的普通醫療保險。聽説香港的醫療費用昂貴，到私立醫院做個普通小手術就需要港幣 3 至 5 萬元，所以便選擇到離家最近的公立醫院就診。由於公立醫院的病人一向比較多，當時的我只能被安排到走廊額外加設的床位，而家人也只能在指定時間探訪，住院感受確實不太好。A 女士提到在內地生活也有看病難的問題，有時候即使願意花錢，也不一定能得到相關領域的頂級醫生治療。

8.2 概念，概念，還是概念！

　　我向 A 女士介紹了高端醫療保險和美元教育儲蓄，可

以為她在醫療和教育方面助力。高端醫療保險提供終身的標準私家房服務，包括全球緊急救援服務、癌症的標靶藥物治療等，所有醫療費用全數受保。

A女士覺得自己有雄厚的經濟實力，現在還年輕，患上大病去醫院的機率很低，一年也不會有一次。買了醫療保險沒有用到，保費就白交了。我說：「以您的財力，絕對承擔得起高昂的醫療費用，但是先進的保險制度有『四兩撥千斤』的效果，完全沒有必要每分錢都自己真金白銀掏腰包，而是可以聰明地將風險轉嫁給保險公司。連李嘉誠這樣富可敵國，甚至自己擁有保險公司的富豪都買了大量的保險。」A女士聽後也覺得有道理，我適時地補充道：「高端醫療保險除了報銷醫療費用外，還提供醫療資源對接，協助尋求第二醫療建議等增值服務。高端醫療保險解決的不僅是醫療費用的問題，還是一種高端服務，服務的對象就是像您這樣有遠見的高淨值人士啊。」

A女士的兒子聰明伶俐，家人對他寄予厚望，A女士和先生希望盡自己所能給孩子最好的教育。對於教育金，A女士剛開始有點介意收益率不夠高，她自己就有不少投資項目年化收益率都在百分之十以上。我跟她分享了「標準普爾象限圖」。

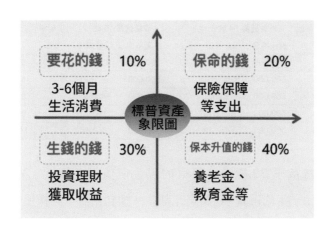

圖中指出像孩子教育金這類在固定時點支出的費用，應該放在更穩健的投資上，而且應該專款專用。西方發達國家看似儲蓄率低，那是因為有能力的家庭早早就設立了教育金和養老金賬戶，確保了教育、養老、醫療無憂，才生活得瀟灑愜意的。他們的養老金和教育金賬戶由專門的投資機構管理，在孩子將來重要的人生節點，比如上大學、創業、結婚等情形下再動用，而不是用於心血來潮的度假或槓桿炒股，又或者用於其他失敗的投資，這會讓孩子未來可以運用的資金付諸流水。

8.3 幫客戶算賬，讓數字說話

A 女士愈聽愈覺得有道理，但是對於現在就配置做教育儲蓄險有點拿不定主意，想過一兩年再考慮。於是我給她看了兩份計劃書，比較在孩子 4 歲和 5 歲設立教育金的區別。

貨幣：美元	較早儲蓄（4 歲）		年齡	較晚儲蓄（5 歲）		年利率	差額
年齡	投入本金	現金價值	年齡	投入本金	現金價值	6%	
10	**100,000**	407,789	10	**100,000**	351,922		55,867
15	**500,000**	628,560	15	**500,000**	587,591		40,969
20	**500,000**	905,293	20	**500,000**	840,682		64,611
25	**500,000**	1,273,840	25	**500,000**	1,193,781		80,059
30	**500,000**	1,773,542	30	**500,000**	1,659,283		114,259

當孩子 30 歲時，保單的現金價值相差接近 12 萬美元，比一年的保費 10 萬美元都多。換句話説，同樣投入 50 萬美元，只是晚一年開始，孩子 30 歲時的保單價值差額超過總保費的 20%！我引用了非洲經濟學家 Dambisa Moyo 在《援助的死亡》中的結束語「種一棵樹最好的時間是十年前，其次是現在」。A 女士也意識到愈早設立教育金，複利的作用愈明顯，現在就是開始教育儲蓄的最好時機。

講解完畢後，A 女士、先生和兒子都選擇年繳 5 萬美元，共繳 6 年的高端醫療保險。另外，給孩子安排年繳 10 萬美元，共繳 5 年的教育金。四張保單加起來年保費 25 萬美元，總保費近 150 萬美元。高端醫療的主險部分同時兼有人壽保障，更是為 A 女士整個家庭提供全方位的保障。

利用 90% 的時間建立聯繫，只用 10% 的時間談論保險方案。不銷而銷，從客戶需求着眼，根據客戶的國內外資產情況、家庭結構和潛在風險進行籌劃，而不是從產品導入，

服務做在銷售前，是這次 One Time Closing 的關鍵。

　　試想如果沒有前期擔任隨行翻譯，得到 A 女士的欣賞和認可，我說的話並不會那麼容易讓她信服。如果我不了解她的家庭情況、需求和顧慮，直接就引入保險，說明計劃書上面的條款和數字，或許會引起反感。她多半會說再考慮考慮，而不是這麼快下決定投保。我在教育方面提供的資訊，更增加了客戶黏性，為以後持續的交流互動建立基礎。我很高興對 A 女士來說，我不僅是一名稱職的財富管家，也是全方位、多領域的生活好幫手。

　　隨着中國過去 30 年經濟迅速發展，人們的消費需求正在發生變化，由物質消費需求主導轉為精神消費需求主導。比起對個人的信任，更重要的是客戶對產品的認可，對機構的認可，對行業的認可，同時又能意識到自己的需求。

　　我很佩服 A 女士有這樣的眼光能夠短時間內判斷事物的價值，果斷地做決定。我想這也是她年紀輕輕，就能白手起家打造行業頂尖企業的重要原因。這樣一位有眼光、有能力、有愛心的女士，作為其先生和兒子真是幸福！

　　我們辛苦打拼，為的是給家人更好的生活，最優秀的你值得最好的！

▲在升職典禮上，於精英領袖學院金蘋果樹前留影。

學習筆記

- ◆ 打鐵還需自身硬,不斷提升自己,和客戶相逢在更高處。

- ◆ 永遠沒有第二次機會打造「第一印象」。

- ◆ 機會是創造出來的。

- ◆ 挖掘客戶潛在需求 —— 國際化優質教育及頂尖醫療資源,成為客戶重要的資訊來源。

- ◆ 關鍵時刻金句開道,事例佐證,娓娓道來。

- ◆ 千萬不要 Focus 在產品, Concept , Concept ,還是 Concept 。

- ◆ 抽象的語言很蒼白,站在客戶的角度看問題,盡量數字化、可視化。

- ◆ 固定派息的儲蓄是終身高端醫療險的蓄水池。

- ◆ 服務走在銷售前,成交才能水到渠成。

- ◆ 保險大時代即將到來,你準備好了嗎?

售後服務促成留學方案

Winson Cui

9.1 關心客戶,用心送禮

客戶轉介新客會有不同的方式,最常見的是給你發送訊息,說:「我這位朋友需要買保險,請跟他聯繫,給他一點建議吧。」另一種更有誠意,會親自邀約飯局,面對面介紹朋友給我,通常這方式的簽單成功率會特別高。

我其中一位客戶陳小姐,經常用這種方式介紹新客戶給我,席間說我如何專業,服務怎樣好,更說:「他是最好的顧問啦,你絕對可以信任他。」這些話如果出自自己口中,實在太不好意思,但經朋友口中說出來,效果便完全不同。

客戶願意如此鄭重地介紹朋友給理財顧問認識,絕非一朝一夕的事,必定是理財顧問在售後服務下了很多功夫。售後服務不僅局限於跟進保單,客戶的日常生活以至工作所

需，都是值得關心的地方。

陳小姐作為我的重要客戶，我經常關注她的微信朋友圈及生活大小事，有時去旅行會帶一些當地特產給她，在生日及節日也送一些小禮物。

平時我有個習慣，外遊時看到一些合適的禮品會先買下來，自己喜歡的也會收羅幾件。有段時間我的辦公室經常放着很多海外購入的小禮物，朋友過來公司便順手送贈禮物。車尾箱也放着不同的禮品，外出工作經過朋友的辦公室順道拜訪時，也避免了空手上門的尷尬。

有一次，我另一位客戶在著名的運動相機生產商 GoPro 工作，經他購買產品會有五折優惠，數量有限，我拜託他要了兩部相機，留給同事或好友當作生日禮物。當我拿到 GoPro 不久，有一天在看微信朋友圈時，留意到陳小姐上載了很多幫孩子籌備生日會的相片。看得見她花了許多心思，準備了各式各樣美味的食物，把家裏佈置得漂漂亮亮，隔着手機螢幕也能感受到她對孩子的愛。

我記起陳小姐在朋友圈經常提到有關旅遊攝影的事，也經常放一些很好看的照片，想必她是位攝影愛好者。然後我腦海裏突然有個想法，不如把這台 GoPro 送給她。於是我

尋個理由到她公司拜訪，借機會祝福她孩子生日，送上一份禮物。她打開後十分驚喜地說：「我正好發愁給孩子買甚麼禮物，這個好，孩子特別喜歡拍照和修圖呢。」看到她這麼開心，說明我這次送禮沒有送錯。

這是我跟陳小姐一段小故事，當很多類似的事件累積起來，大家的信任度漸漸提升，關係變得跟親朋好友一樣。從業多年，很多朋友也是從客戶慢慢成為好朋友。對於陳小姐不遺餘力替我介紹客戶，在此我要深深向她致謝！

▲ 客戶和朋友的孩子們一起過生日。

9.2 男人不該讓女人擔心

有一次陳小姐舉辦飯局，向我介紹在上市公司任職高層職位的王先生。王先生的太太很重視保險，身邊的朋友多次和她討論女性保障的重要性，又主動分享早前購買的保險有多好。這對夫妻正在準備生育第二個小孩，所以想買一份保障比較高的醫療保險。在太太的囑託下，王先生詢問親朋好友是否認識一些可信賴的保險顧問，所以才促成這次飯局。

很多人都有類似情況，不懂關心自身的保障，反而是家人較為重視，尤其是女性的風險意識特別高，對防守性保險產品需求更大。在飯局中，王先生很實在地說是太太想買保險，讓他先來了解。我聽得出王先生對太太愛護有加，是位有愛心、負責任的男人，但他卻沒有甚麼保險概念。

很多從業員都犯的一個錯誤，就是當客戶主動詢問保險時，就迫不及待地介紹產品。畢竟客戶不是保險專家，純粹是主觀覺得產品很好，但對產品真正的作用概念模糊。此時貿然推銷產品，後來才發現並非他們想要的，便回不了頭。因此，當時我只是跟保險知識不多的王先生，重點討論保障的概念，並約他下週再詳談具體的方案。

可是過了兩週，客戶突然失去了音訊，打電話沒人接

聽，微信留言也沒有任何回應。我在上一個個案中提過，朋友介紹客戶後，不管是否成交，我都會禮貌地跟介紹人交待一下，一來受人之託，二來再次感謝他們的支持。

很多介紹而來的客戶，有些只是想了解一下，沒有購買產品的意欲，但我也會保持聯繫，可能哪天他突然有需要時又會出現，像王先生的個案我也習以為常。跟陳小姐交待完，我也心安理得了。

沒想到過了兩天，王先生突然致電，跟我說不好意思，先前太忙沒有時間回覆訊息。他說主要是太太這段時間在公司作閉關式培訓，幾個月不能出來，所以就放下了這件事，沒來得及跟我說。我猜一定是陳小姐在背後協助，你的一個交待，會換來別人對你同樣的尊重。

我意識到王太太才是投保的關鍵人，所以就跟王先生說：「沒關係，不急，不如等你太太閉關出來後，再約你們一起談，好嗎？」王先生說：「好的，我們 11 月後再聯繫吧。」

9.3 有夢圓夢，投保高端醫療

王太太在 11 月結束閉關，我們三人約在他們香港公司

的會議室見面，目的主要是為王太太安排醫療保障。本身有一些病史的王太太，正在準備生第二胎，又比較關心境外醫療的保障，而高端醫療方案在境內和境外都適用。此外，我們公司有項境外醫療專家諮詢的服務，非客戶使用的話需要收取每次 5,000 美元的手續費，而成為我們客戶後可以免費使用，因此我主動向她推薦高端醫療的方案。

王太太對此很感興趣，然而憑我多年的工作經驗，她的病史可能會引致不保事項。出於責任感，我必須事前提醒她。王太太初時聽到不保時，反應很大，說：「我花這麼多錢是想有保障及轉移風險，不保我這個病，為甚麼還要買它？直接付醫療費便行了。」

我理解客戶的反應，付了保費當然不想再付醫療費，所以一定要讓他們認識真正的風險所在。我微笑說：「王太太，我非常同意保險是用來轉移風險，不過你有沒有想過，風險是在未來還是過去？過去已知的是我們可控，未來未知的才是真正不可控的風險。為了部分可控的不保事項，而放棄大部分未來不可控的保障，不是因小失大嗎？」

最後王太太接納我的意見，買了保單，而結果也在預期之內有不保事項。不過王太太心理早已有所準備，對於公司的決定也欣然接受。經過這次投保的過程，王太太認可我事

前預告的舉動，加上投保和付款過程安排順暢，給她留下深刻的專業印象，為後來加簽的大單建立了信任基礎。

9.4 為孩子準備一生最好的禮物

王太太第二個孩子終於出生了，是小女兒。因為內地人覺得香港的疫苗比較有保證，所以一家四口加上王太太父母，合共六人來香港玩五天，順道為剛出生的小女兒打疫苗。我為他們安排交通和介紹酒店，準備了一輛七人車及司機，讓他們在香港行動方便一點，還特地去尖沙咀買了一套嬰兒服裝，送給王太太的小女兒當作見面禮。

王先生的事業心很強，加上保險意識不像王太太般高，先前他一個人在香港時，要說服他買保險不是一件易事。這次他們舉家來港，我倒覺得是個難得的機會，可以跟王太太在輕鬆的氣氛下聊天。要知道，保險的需求是聊出來，只有跟客戶對話，才會知道他們的真實需求，找到合適的產品，而不是單純在「硬銷」。

由於我的兒子與王太太的兒子年紀差不多，都處於就讀小學的年紀，很容易找到共同話題。我們傾談兒子們在學校的事，又比較內地和香港教育制度的不同，後來才知道大家都有意送兒子們出國讀書。

　　「王太太，原來你也想送兒子到外國留學。我認識一位朋友在教育留學機構工作，他可以協助安排海外升學，如果你有需要可以轉介給你。」

　　「那太好了，我現在還未決定送孩子到哪個國家讀書，有你朋友幫忙給意見，可省下不少功夫。」

　　「是的，要送孩子出國，有太多事要費心，就好像學費及生活費都要及早籌備。」

　　「對對對，我想每年大概要 10 多萬到 20 萬美元。」

　　「還要為孩子準備境外醫療，歐美的醫療費貴得咋舌。其實你們有沒有想過為兒子安排儲蓄保單作為教育基金？現在孩子這麼小，到他出國時應該會有不俗的回報。如果到時用不着，也可留給兒子當創業基金，要知道現在的年青人很喜歡創業，能為孩子準備創業的啟動資金，將來他一定會非常感激。」

　　一直沒有作聲的王先生，這時候開口了：「我們已經有一些投資，包括房地產，在境外也有美元資產，應該可以應付這方面的費用。」

這是最常見的異議，特別是對於懂投資的人。要應付他們，必須從其他需要着手。

「王先生，要知道人民幣不能自由流通，要把錢匯出國外給小孩用，可能要用上一段時間。一旦遇上突發資金需求就未必來得及，所以在境外多預備一些美元流動資產，將來你們調動資金時會更靈活。另外，為18歲以下的兒童投保，保單主權人會寫父親或母親，意思是你們會有這筆資產的控制權。作為父母，當然想孩子好，但世事難料，我們也很難確保他們將來一定不會交到壞朋友，把錢都花光。如果你們有資產控制權，便可決定何時把這筆錢給孩子，真正用得其所。」

王先生又再沉默，表示他暫時沒有異議。接着我再提醒他們要為小朋友買醫療保險，因為醫療保障全球適用，而且小朋友有醫保，申請留學簽證也較容易。

不過王太太説：「不用太早買吧，小孩子沒甚麼大病，國內的醫保也足夠，留待出國前買也不遲。」

「年紀小的時候買保單是最划算的，王太太你回想上次跟我買的醫療保單，就因為病史才帶有不保事項。孩子剛出生健健康康，保費最便宜，而且保障可以覆蓋一輩子。再

説，這份醫保不單能在境外用，境內也可用到。如果孩子不幸生病，便可直接到私家醫院，不用在政府醫院排隊。如果只靠內地的醫保，遇上大病時保障就未必足夠。現在幫他們買保單，就是送給他們一生最好的禮物。」

王太太完全認同我的觀點，更即場説服王先生替小孩投保，難得他們一家人同在香港，省卻再來一遍香港的麻煩。一向尊重妻子的王先生，最後為兩名孩子各買醫療及儲蓄險，合共每年保費 30 萬美元。

以上的個案都是靠售後服務得來的，透過跟陳小姐成為好友，認識到王先生和王太太。在王太太第一次購買保單時，幫她找出最好的方案，又預先告知不保事項的可能性，令他們認可我的專業。最後他們一家來香港遊玩，我盡力替他們安排，且在輕鬆愉悦的氣氛下了解他們的需要，才能促成這宗大額交易。

記着，成功的理財顧問必會做好售後服務。只有售後服務做得好，客戶才有信心購買更大的單，並且樂於介紹新客戶給你，生意才會源源不絕。

─── **學習筆記** ───

◆ 不要輕視售後服務，除了基本保單服務，更要關心客戶的生活。

◆ 當客戶轉介新客戶，無論成功與否，必須事後和介紹人交待和致謝。

◆ 先有概念，後有產品；沒有概念，不提產品。

◆ 醫療保險和教育基金是一整套留學必備方案，而不是兩個獨立的產品。

異議篇

第十章

個案 9

專業致勝

Mina Wu

10.1 專業人士背後的大客戶

我們想接近的大客戶，身邊都有不少的代理人或者私人銀行經理在「虎視眈眈」，如果跟客戶的關係不夠熟稔，或者客戶本身的思維方式比較理性，當他打算購買大額壽險的時候，一般會在各家公司的方案之間作比較，甚至會遲遲不願出手。市面的壽險產品眾多，作為代理人如何在比較的過程中勝出，給自己加分呢？這便是考驗你專業能力的時候。假如這類大額壽險產品，能夠把保險成本和投資部分的佔比進行完美搭配，達至客戶想要的平衡，或者達到比競爭對手更好的平衡，就有機會脫穎而出，成為客戶的最終選擇。

財務管理專業出身，喜歡鑽研各類金融、法律知識的我，也吸引到一批志同道合的專業人士成為朋友和客戶，而他們的服務對象也同樣是高淨值的人羣。在過去兩年中，

我通過律師、會計師、銀行家的朋友們推薦，認識到不下於40位高淨值人士。如果你身邊也有不少專業人士，那麼一定要好好研究接下來分享的這個 Case。從我聽說這位客戶開始，到正式簽單只用了兩週時間，專業人士背後的大客戶往往也很注重專業能力。

某天我接到一位律師朋友的電話，是有關他的客戶想購買香港的人壽保險，而且已經從私人銀行和另外一家保險公司拿了方案，希望我看看會否有更好的建議。掛了電話，他便向我發了一個電郵，裏面包含三個附件，分別是來自私人銀行的一份萬用壽險計劃，以及來自另一家保險公司的終身壽險和分紅儲蓄計劃。仔細研究過後，我發現一件非常棘手的事，就是郵件裏並沒有客戶的聯絡方式，甚至連名字都沒有，也就是說我必須隔山打牛，在沒有太多客戶信息的情況下出招。相信很多同業都曾遇到類似的情況，大客戶比較注重私隱，有時會先派一名親信前來諮詢，代理人未必能夠直接拿到聯絡方式。

10.2 隔山打牛

如果按照正常的銷售流程，要先搜集客戶資料，了解客戶需求，然後才能給出量身定做的方案，這時候我特意評估了一下搜集客戶資料的難度。第一，對於介紹人來說，客戶

本來也是他的客戶，得罪不起，如果客戶不願意直接把聯繫方式給我，他自然也不會給；第二，如果強行要聯絡方式，一方面可能得罪介紹人，另一方面對於客戶來說，我們畢竟沒有交情，他未必會願意向我透露個人的真實想法；第三，客戶已經進入比較產品的階段，假如我按部就班從頭開始慢慢跟他建立關係，估計這單也是來不及了。當時的情況非常緊急，一張大單就近在眼前，可是我手上的資料也太少了，實在很難下手。

冷靜下來，我重新審視手頭的資料，發現唯一的突破口可能就是從產品下手。仔細研究現有的三份計劃書後，我發現在對手公司提供的壽險和分紅險方案中，壽險的保費佔總保費 80%，而分紅險只佔 20%，很明顯客戶的主要需求是大額壽險保障，次要需求是獲得分紅。我決定再次跟律師朋友通電話，確認客戶的現金流比較充裕，這就可以解釋為甚麼私人銀行的萬用壽險，雖然保費便宜但客戶並沒有馬上接受。萬用壽險的保費較便宜，但當中也存在一種可能的風險，就是客戶在 80 歲以後，一旦保單收益不能夠支付保險成本，便會出現「斷單」，也就是說不但客戶現在繳交的幾百萬美金無法收回，身故以後也不會有賠償，竹籃打水一場空。假設再加上私人銀行喜歡做的保單抵押貸款的槓桿，就要承擔貸款利率的風險，對於現時資金充裕的投保人來說，未必會願意承擔這種風險。

　　我要把握這次機會，就必須找到一款更好的產品，讓客戶看到我的價值，願意主動認識我。其實壽險產品最重要的就是保險成本和投資分紅的比例，如果壽險槓桿太大，投資比例太少，就容易出現上面提到萬用壽險「竹籃打水一場空」的情況，而我的這位客戶明顯沒有這麼大的槓桿需求。如果壽險槓桿較小，投資比例較大，可以確保終身都有壽險保障，但是在相同保額的情況下，便要多交保費，類似於別的保險公司所出的計劃。經過分析，我決定要找到一款產品，無論在客戶早逝還是長壽的情況下都能夠提供不錯的壽險保障，壽險成本要比對手公司低，而且收益更高，當然這是最好的情況。如果找不到，次之的情況是，壽險成本比對手低，然而收益相若。其後兩天的時間裏，我對比了接近 10 款人壽保險產品，終於找到一款是我想要的。接下來我寫了一封簡單明瞭、突出產品優勢的電郵發給律師朋友，也是這封電郵幫我贏得跟目標客戶直接通話的機會，攻克了第一個難關。

Dear XXX，

　　經過仔細的對比和研究，推薦您朋友將人壽和穩定現金流的儲蓄險相結合，集中火力放在同一個險種上，這樣兩方面都能獲得最大收益。

　　給您推薦一款 A 計劃，1,000 萬美金基礎人壽保額，身故賠償隨時間不斷增加，15 年後超過 2,000 萬美金……（此處省略產品説明 100 字）

比較銀行的大額人壽（萬用險），A 計劃的優勢是：

1.　無需借貸，免除利息風險，美國正進入加息週期，去年開始利率的風險明顯增加；

2.　有穩定現金流派發，可作為被動現金流；

3.　人壽保障額會不斷增加，15 年後會翻倍，80 歲時達到 5.6 倍。

比較另一家公司的終身壽險計劃，A 計劃每 100 萬美金人壽保障額，保費比對方便宜 2.5 萬美金；6.4% 的複利回報遠高於對方的 4.7%，10 年後可派發現金流是對方的 3 倍。

比較另一家公司的儲蓄分紅計劃，A 計劃有 1,000 萬美金的人壽保障額，實現保障儲蓄兩不誤；可選擇 5 年付款，現金流更加靈活；有額外現金獎賞，回報更豐厚。

從實際操作的角度來講，購買一款產品解決兩個需求，相比買幾個不同的產品更簡單易明、容易操作，此舉不但可以節省中間環節和管理成本，更重要的是能集中資金獲得大額優惠，令回報更加豐盛，無論取錢或是賠付的過程都將更方便快捷。

A 計劃剛好可以將您兩方面的需求完美結合起來，實現收益最大化。希望通過我的介紹，能給您多一個選擇。

Best Regards,

Mina Wu

在發出這封電郵的第四天，我收到了律師朋友的回信，他說客戶對你的方案有興趣，可以通個電話。

10.3 一個重要的電話

跟客戶的第一次通話或者說第一次見面都非常關鍵，第一印象決定了將來客戶把你當成顧問，會找你諮詢相關領域的問題，希望你協助做決策；還是把你當成一個銷售人員，只是產品資訊的提供者。如果不幸被歸類為後者，那自然就沒有後續接觸的機會了，所以這個電話的關鍵在於必須給客戶留下專業、客觀、可靠的好印象，千萬不能 Hard Sell 產品。

可以參考以下步驟：

1. 自我介紹，包括職位、工作年數、獎項等，如果年紀輕、學歷高也可以講，主要體現資深、專業、有經驗和能力做這類單子；
2. 跟介紹人的關係，拉近距離，加強信任，尋找共同點。如果介紹人也是你的客戶，當然更好；
3. 簡單描述事情的來龍去脈，並表達沒有得到太多客戶私人資料，以示尊重，希望客戶提供更多的資料以便幫他尋找更好的產品；

4. 反覆確認需求，包括為甚麼考慮買人壽險、以前的保額是如何定的、保費的付款方式有沒有特別的考慮、對被動現金流有沒有固定金額的需求、對已有方案的意見、風險的偏好等等。

過程中需要不斷強調我們公司的實力和多元化的產品，表示可以根據他的需求進一步調整方案，直到他覺得滿意為止，而不是直接 Sell 早前推薦的產品。一方面是當時推薦的產品是在完全沒有 Fact Finding 的情況下安排，有機會並不是客戶真正的需求；另一方面要讓客戶感受到你是真正關心他的需求，希望能夠找到最合適方案，而不是只為了成交而賣一項產品給他。當然如果客戶直接問到電郵裏推薦的 A 產品，那就可以直接講細節。

簡單來説，我們要把握顧問式銷售的精髓：利用自己的專業知識，從客戶的利益出發，幫助客戶正確選擇產品服務，滿足顧客現有或潛在的需求，贏得客戶的滿意和忠誠，並在電話聊天的過程中充分體現出來。

▲ 在團隊推行顧問式銷售。

10.4 大人物身邊的「小人物」

通完電話後又等了三天，我收到一封電郵，發件人不是客戶，而是他的私人會計，郵件的內容是詢問計劃書上的數字細節。我敏銳地意識到這位會計先生是在進行產品比較。很多時候大客戶要做一個重要決定並非他們一個人的事，身邊往往會有秘書、會計、法律顧問、甚至是司機，在幫他們處理細節和提供專業意見。這類人一般都是客戶的親信，千萬不要小看他們對於客戶決策的影響，尊重是在跟他們交流過程中很重要的一環，絕對不能怠慢。

我立刻邀請會計先生電話溝通，把四份計劃書都詳細講解一遍，並且把我電郵中提到的每一個數字的計算方式都告

訴他，還請他多多指教，看看我的演算法是否合理。

哪知道他說：「你的演算法也太複雜了，要把四份單子每一年的數據都輸入到 Excel 表裏才能計算。」

我趕緊說：「剛好我這邊有已經錄入的基礎數據，給您發一份吧，這些簡單的基礎工作就不要重複做了，您幫我驗證一下結果是否正確才是最重要的。」

掛了電話，我馬上把各種資料發過去，還主動表示有任何進一步的需求或者疑問，歡迎隨時聯繫。如果客戶拿了新的計劃書，我也可以幫他一起研究一下。

第二天，我主動發了一批各家公司的背景資料、財政數據和市場數據的對比給他參考。第三天，我又發了各家公司的分紅產品投資策略比較分析給他，以及幾家大的投行對不同公司的投研報告。針對這些資料，我們來來回回通了好幾個電話討論，我一直保持着謙卑請教的態度，提供各種資料，而不是代替他做決定。此外，在中間穿插客戶的需求，確保我們在客觀分析時也能充分考慮客戶的需求。

好消息終於傳來，在某個週一的早上，客戶決定過來簽約。一直以來我對會計先生表達的尊敬，加上良好的溝通，

也使安排保費支票、提供資產證明等流程非常順利，客戶對我們內部的溝通也表示滿意。

在這個 Case 非常幸運的一點是，我第一次推薦的計劃剛好就符合客戶的需求，而在其他個案中，反覆多次修改計劃、分析客戶需求偏好，以及重複強調概念是很常見的事情。這也是在第一次見面或通話的時候，盡量給客戶留下專業、客觀印象的原因，以便為將來持續的溝通留下機會。客戶能夠快速成交，除了自身的需求強烈、產品優秀以外，還有一個至關重要的因素，就是對介紹人的信任。如果客戶本身就是介紹人的長期客戶，信任關係不但牢固，而且是建立在專業能力的基礎上，效果自然比一般朋友介紹更勝一籌。

建立強大的個人品牌和客戶間良好的信任關係，讓客戶在買單的時候更看重你的人品而不是產品本身，當然是最理想的情況。但如果不幸進入產品比較的階段，我們也要運用自身的專業知識，推薦最物有所值的計劃給客戶。對於一個優秀的理財顧問而言，專業不僅體現在比較產品上，會計、稅務、法律、醫學等多方面的知識，都值得我們不斷精進學習，務求向客戶提供更有價值的顧問式銷售服務。不同類型的客戶在選擇理財顧問時，所重視的特質並不相同，大客戶買「感覺 + 專業」，中客戶買「專業 + 服務」，小客戶買「人情 + 服務」，不知大家是否感同身受呢？

學習筆記

◆ 專業人士背後往往有高淨值客戶人脈。

◆ 深刻理解產品背後的設計邏輯，知己知彼才能百
  戰不殆。

◆ 大客戶買「感覺＋專業」，需要顧問式銷售和客觀
  專業的分析。

◆ 留意大客戶身邊的關鍵人物，協助臨門一腳。

我是媽媽，需要一次高端夏令營

Effy Feng

　　數年前有一本很流行的書《我是一個媽媽，我需要柏金包！》，講述美國紐約上東區的生存法則。我們也不妨先聊聊所謂的貴族生活。相信這一代人應該都看過西西公主或戴安娜王妃相關的電影及電視，小時候覺得那種華美端莊的宮廷服飾和細緻入微的宮廷禮儀，動人心弦，美輪美奐，但卻遙不可及。自從轉行進入財富管理行業之後，每年的公司年會和全球 MDRT 年會，以及各種國際獎項的頒獎典禮，讓兒時愛做夢的我終於擁有在聚光燈下、舞台正中央當「灰姑娘」的機會。不過隨着參加的次數增多，卻愈來愈覺得華服之下更需要一種有趣充實的靈魂，以及真正意義上貴族的精神，才襯得起這一襲落地長裙。不僅是我自己，為人母以後，我也希望自己的孩子可以深入去體驗，而不是局限於表面上了解貴族禮儀的精髓所在。

　　所以，一個偶然的契機，通過一位資深律師同事的引

見，有幸得知一個非常與眾不同的親子夏令營。可是七天七萬多的學費，說實話讓我有一點糾結和猶豫，值不值得在孩子這麼小的時候去參加這麼昂貴的夏令營呢？最後，我選擇說服自己，優質且特別的體驗重於一切，我希望自己的孩子能夠從小打開視野；而且留一點私心，我覺得願意去陪伴孩子上這類夏令營的家長，一定是更有層次，更有共鳴的朋友。

11.1 只需一分鐘，讓他們記住你

成功報名後的邀請函就已經讓我大跌眼鏡，課程整天都在一家非常著名的五星級酒店的 99 樓進行，要求全部的家長和孩子不論大小，全部都穿晚禮服或者西裝。我趕緊給還不到 6 歲的兒子採購了三套稱身的西裝，也準備好自己七天不重複的晚禮服，我們充滿期待地出發了。

課程的第一天就有一個充滿挑戰的環節，一分鐘自我介紹，要包含自己的家庭屬性和社會屬性。如果是各位家長或者同行朋友們，你們會如何在其他 30 多個背景不凡的家庭面前介紹自己呢？如果是同行，你們會直接說出自己從事保險行業嗎？不如給大家一點時間，在心裏打個草稿。

我是這樣說的：「我是豐燁 Effy，一個可愛懂事的 6 歲男孩的媽媽。我來自江南水鄉，長在太行山下，畢業於北京

師範大學和香港大學,在香港的國際學校當過三年主管 IB 教學 [1] 的中文老師。後來轉行進入財富管理行業,專攻離岸家族信託方向。其實是我當年所教的學生們啟發了我,讓我對家族信託這種財富傳承方式非常着迷,而且我也通過私人銀行領域的持續進修,以及所在團隊、公司特別給予的一系列極其專業的培訓之後,協助幾個上市公司家族的朋友們落地搭建屬於他們自己的離岸信託。希望有機會和在座的家長朋友們作更多深入探討和交流,不論是孩子的教育還是信託的知識,相信我都可以貢獻一些有趣又有價值的觀點。」

這一番自我介紹讓家長們記住了我的職業,又對我產生了好感和好奇,畢竟子女的教育和家族財富的傳承是企業家家庭永恆關注的兩個重點,而剛好在這兩個方面,我都是專家。再加上夏令營課程本身的設計,就有一個下午專門請到香港四大會計事務所的資深稅務師,來講解香港幾個經典大家族的財富傳承案例,比如李錦記和余仁生的家族信託和家族憲章,跟我的自我介紹不謀而合,不經意間為我做了一次超棒的助攻。剩下幾天的自助午餐和晚餐,都有很多家長朋友主動過來攀談,為後面的熟識開了一個好頭。

---

1 IB 課程由國際文憑組織 IBO (International Baccalaureate Organization) 舉辦,為全球學生開設從幼兒園到大學預科的課程,為 3 至 19 歲的學生提供智力、情感、個人發展、社會技能等方面的教育,使其獲得學習、工作及生存於世的各項能力。IBO 於 1968 年成立,迄今為止遍佈 138 個國家,與 2,815 家學校合作,學生人數超過 77 萬。與 A-Level、VCE、 AP 等課程並稱全球四大高中課程體系。

▲ 不到 6 歲的兒子參加夏令營時的西裝照。

11.2 入題法寶 —— 琴棋書畫詩酒茶

通過七天的時間和 30 多個家庭的家長們深入互動，我們自然而然地加了彼此的微信，成為朋友。可是，問題來了，大多數的一代企業家家長，都日理萬機，非常忙碌，我們都沒有太多的時間和精力去維持友誼的熱度，那豈不是要斷了聯絡？其實也並非如此，愈高身價的人往往也愈「貼

地」，他們不會故意拿着捏着，故作姿態。忙就徹底去忙，偶爾閒下來，他們也特別願意和投契的朋友聊一聊「琴棋書畫詩酒茶」。在這裏給大家一點溫馨提示，當大家不太熟稔的時候，你的朋友圈就是你的人設，既要有情懷，又要「貼地」；不要天天只是吃喝玩樂，更不要轉發太多迷失了自己的觀點。每一天的主題最好三分之一在工作，三分之一在生活，三分之一在自我的學習、思考和提升。

年底因為要陪同一位團隊同事出差，我也順道去拜訪了在夏令營中認識的一位爸爸和其太太。非常開心，他們沒有選擇到外面的餐廳，而是這位爸爸親自下廚，給我們做了八菜一湯。這種待遇，真的讓人從心底裏感到溫暖，一桌熱乎乎的「住家菜」足以讓人與人之間的距離拉近 100 倍。飯後，我們在其茶室，一邊品茶，一邊品酒，天南地北，不亦樂乎。不過，看似閒聊的背後也有智慧，我會特別注重去講屬於自己的故事。比如，我為甚麼會選擇一個人來香港讀書工作？作為背井離鄉的「港漂」有哪些艱辛？我為甚麼要從令人羨慕的國際學校老師轉職至財富管理行業？既然順風順水，又為甚麼要從舊公司的中級管理層轉換公司並重新開始呢？我是如何在極其忙碌的工作中和孩子相處的？我看重的家庭教育和陪伴的重點又在哪裏？這些故事看似波瀾不驚，但其實每一個都意味深長，三個小時下來，這就是一場「對三觀」的深入談話，彼此都在慢慢確認眼前的這個人，

是不是我們值得交往一輩子的好朋友。我們入口的茶、入喉的酒、蕩漾在屋簷的琴聲、唱和的詩歌，在心底升騰出一層又一層的漣漪和共鳴。

11.3 如何應對回佣要求？

一切都漸入佳境，這位爸爸也是極其豪爽的性情中人，直接笑着問我們：「這次來也不僅僅是吃飯喝茶聊天的吧？你們的工作也可以多聊聊啊！」我心裏其實非常感激他能夠主動入題，有時候只要信任到位了，不去強硬銷售的效果可能會更好。我莞爾一笑，問他還記不記得當時夏令營中老師深入分析過的幾個家族信託的例子，回來後有沒有分享給太太聽呢？這位爸爸拍了拍腦袋，苦笑着回答：「只覺得信託是個好東西，但具體甚麼情況，有點複雜，聽起來特別高端，是否適合我們普通的企業家呢？」我非常堅定、清晰地回答他：「其實信託對於每個企業家來説，都是必需品。你知道嗎？中國內地前 10 位的富豪設立 5,000 個億的離岸信託，除了馬雲、劉強東在 2014 年，龍湖地產在 2009 年，其餘的都在 2018 年才剛剛完成，和現在只相隔一年，這是個大趨勢，我們一定要抓住！很多普通的企業家就是因為沒有提前設立信託，才會讓翻身的機會白白流走，比如小馬奔騰的太太要自己背負夫妻公債的兩個億，以及富貴鳥鞋業二代繼承人必須在法院忍痛放棄繼承權。為甚麼奮鬥一輩子

的企業家最後連最愛的妻子和孩子都守護不了？沒做好信託就是重要的原因之一！」

當天的對話從琴棋書畫詩酒茶到離岸信託的一切都很順利，但當他和太太第一次來到香港開銀行賬戶時，意想不到的問題再次出現了。這位爸爸開門見山地說：「不瞞你說，我身邊各個公司的保險代理人特別多，大家都是生意人不妨直說，比如甲公司的代理人給我 10% 的折扣，乙公司的代理人有 20% 呢，你們可以給多少呢？」峰迴路轉到這裏，既是情理之中也是意料之外，相信大家最頭痛、最心酸的問題都匯聚在這裏。

我頓了頓，捋捋頭髮仍然笑着回答說：「零⋯⋯」他的眉毛微微挑動，手指摸了摸下巴，半信半疑地說：「這是甚麼道理？」我答道：「相信其他代理人也是你們的朋友，我不想說他們的壞話，但在香港回佣不僅是違規行為，更是違法行為。我先前把自己的故事毫無保留地說出，也吐露了自己要在這個行業發展一輩子的心聲，未來我的孩子也是要回來接班的。我真心把這份事業當作家族產業用心經營，每個客戶、每個團隊成員對於我來說，都是至關重要的承諾，我怎麼會讓你們的保單蒙上違規違法的風險呢，你說對嗎？」

這位爸爸看看我，也看看太太，不疾不徐地回應道：

「這麼說也不錯，但……」我接過他的話：「但總有不少人會給折扣的，我明白，我也是在內地長大的，所有人情世故怎麼可能不曉得？不過，話說回來，我們最開始相識，不就在於那一次貴族禮儀的夏令營嗎？相信你們希望配置的絕對不是一兩張因為人情而買的保單，你們最終一定也是想把自己一輩子創造出來的財富，放進離岸家族信託裏，為孩子們也為自己，做一個最徹底的保障，隔離一切可能存在但未知的風險，不是嗎？尤其是想徹底把企業經營的風險和家庭成員未來生活的質素做一個徹底的隔絕，這一點非家族信託莫屬！任何公司單一的保單在本質上都是無法完成的，你們需要的是一個量身定製的信託架構，而不是零零散散的保險產品。說一句可能有點驕傲但也非常務實的話，你也可以問問身邊的代理人朋友，有哪位可以幫你們完成保單信託到家族信託的架構搭建？如果有的話，我想我們之前也不會聊得這麼開心而深入，你說對不？」「哈哈哈，你說到點子上了……來跟我說說我們家的信託具體應該怎麼做呢？」這位爸爸很爽朗地笑出了聲，我終於放下心頭大石。

11.4 真誠是世界上最好的「套路」

在 2019 年下半年，香港仍然深陷在政治事件的混亂中，這個家庭非常勇敢果斷地選擇來香港完成他們保單信託的第一步。看似一切都順風順水，但我卻有一份隱隱的擔

心，好事可能會多磨難。果不其然，隨着香港政治事件的升級，各大高校一而再、再而三地出現了很多不太樂觀的報導，讓曾經在香港求學的我忐忑不已，更影響了這個家庭投保完成後續繳費的信心。説實話，我是非常理解的。他們本來想讓家裏第二個孩子來香港就讀國際學校，一方面孩子剛好有香港身份和護照，另一方面孩子的性格在應試教育的體制裏，也受到愈來愈多的限制。我也積極動員我在香港國際學校的所有人脈資源，親力親為跟他們一起做了一系列的申請。可是隨着政治事件再次升級，終於有一天他們決定終止這個求學計劃。此時此刻，我的心裏咯噔一下，心想我們的保單信託不會也夭折於此吧？

那段時間，我幾乎不敢打開手機看新聞，每天的心情也鬱悶到極致。慢慢的，我想這絕對不是長久之策，如果我自己先放棄了，每天消極悲觀，那一切就真的毫無希望了。不如「主動出擊」，繼續留在香港的話，孩子的學校停課，我們也只能天天在家裏提心吊膽，不敢出門，還不如徹底出去走一走！走去哪裏呢？當然是客戶家。因為早前所有的互動交流和在孩子申請國際學校這件事上反反覆覆的聯絡溝通，兩個家庭已然有了一種世交的感覺，所以我大膽地發了一條微信訊息：「孩子的學校停課了，這幾天眼看愈演愈烈，想能不能去你們家那邊玩一玩，避一避呢？」果然收到了他們無比熱情窩心的回覆：「快點過來，不要猶豫，這邊甚麼都

幫你們安排好，我們去接你們！」那一刻真的很感動，放下一切工作不說，我們是用心去交彼此這個朋友，甚至已經超越友誼，開始有了家人一般的溫暖和感動。

於是我們簡單收拾了一個星期的行李，坐船出發了。幾個孩子在家裏玩得特別開心，每天一起做手工、拼樂高、打乒乓球，晚上在院子裏玩捉迷藏、丟手絹、老鷹捉小雞，不僅僅是孩子們，連大人們都找到了特別簡單的童年快樂。不過我也始終沒有忘記自己希望給予他們信心，並完成最後保單繳費的步驟，但怎麼開口呢？真的是難上加難！最後我決定只要做好自己，想他們所想，急他們所急，幫他們去解決最棘手的問題就好。寄宿的那幾天，我也有跟着夫妻倆一起去其公司和廠房，看到他們工作中疲憊的身影，感覺真的就是在心痛自己的家人。既然香港的國際學校暫時不能考慮，那不如試試深圳的！我繼續動員自己在香港大學的老同學們，在她們的悉心指導下，我幫他們的兒子安排深圳好幾所學校的面試和參觀，並且每次都陪着他們一起去。有一次招生老師問起我的身份，他們笑着回答說：「孩子他小姨。」

▲ 與孩子們慶祝聖誕當天所拍的照片。

　　儘管如此，最後的繳費還是遲遲沒有落實完成，有一天我真的睡不着，通宵寫了七、八個小時，完成了 5,000 多字的一封長信，把這份保單信託對於整個家庭，不論是大人還是孩子們的意義，將最簡單美好的畫面呈現出來。裏面包含了「小姨」對孩子們的愛，寫到凌晨竟然把自己寫哭了，

我想如果我是真的有血緣關係的「小姨」，對孩子的祝福和愛也不會有任何的不同。擔心他們實在太忙，沒有時間看這麼長的文字，我把這封信錄製成大約半小時的音頻，讓他們可以在開車時聽。最後，我們終於在 2019 年 12 月 31 日前圓滿完成了整份保單的繳費（年化保費 50 萬美元，總保費 250 萬美元），在這個特別的年份給了彼此生命中最厚重的一份禮物。它的意義已經遠遠超過一份保單本身，既是對自己長久以來堅持信託專業路線的肯定，更是對整個家族未來最重要、最安穩的一種承托。願兩個家庭的孩子們都健康茁壯地成長，未來的一切風風雨雨，已經有「人」在保駕護航。

學習筆記

◆ 捨得投入，不斷升級人脈圈，永遠會事半功倍。

◆ 彼此深入的欣賞和信任，是成交大單的前提。

◆ 面對原則問題，必須堅守自己的立場。

◆ 學會尋找自己最大的亮點，發揮到極致。

◆ 心態要強，愈挫愈勇，方能成就真正的大單。

第十二章

億元傳承保單大揭秘

Lily Zhang

　　創富不易，守富更難。如果想要穩妥地傳承 1 億元的現金資產給下一代，應該怎麼做？2019 年，我和團隊同事一起，歷時四個多月，通過「大額人壽＋保費融資」的方式，為一位白手起家的企業家建立總計高達 1,300 萬美元，即是接近 1 億元港元的家族傳承方案，為他建立起「家族辦公室」的雛形。

　　這一切是怎樣完成的？

12.1 機會留給有準備的人

　　香港作為領先的國際金融中心，備受國際資本青睞。2018 年，香港的 GDP 高達 2.845 萬億港元，其中金融業的佔比約有兩成，眾多高淨值人士都把香港當作私人財富管理的首選地，自 2003 年至 2018 年間更是迎來多達 16 倍的爆

發式增長，私人財富管理資產的金額更超過 10 億美元，使香港成為目前亞洲最大的國際私人財富管理中心。

大額人壽保單一直是私人財富管理中的必備產品。因此，這些年保險從業人員也有更多機會參與到財富傳承方案的設計中。

12.1.1 新人有個大客戶

2019 年 7 月，我的團隊加入了一位新人邱亮銘（Lemon），他曾經在內地老家當過公務員，也曾經在國企、私企工作，由於家庭團聚的原因來到香港，接着通過朋友介紹認識了我。

按照我們團隊入職後的培訓程序，除了要參加公司安排的新人培訓課程，新人還要在團隊內進行為期近一個月的「Quick Start」培訓，以便快速上手，並對公司的產品內容、銷售環節、演繹計劃書等都有初步的了解。

在培訓的流程中，有個環節是要新人邀約 100 個人參與「財富管理調查問卷」，而這份問卷是由我們團隊眾多資深財務策劃顧問，根據市場情況和自身經驗所設計，訪問調查的幾個好處是：

1. 通過問卷對市場不同人士的財富管理意識和情況有初步了解；
2. 明確自己的市場定位和今後努力的方向；
3. 廣而告知自己的現狀，跟周邊的朋友們有個互動；
4. 有機會找到潛在客戶和轉介。

在問卷過程中，亮銘聯繫到自己曾經任職的私企的老闆 L 總，L 總在上世紀 90 年代大學畢業後開始經商，如今在珠三角設廠，香港和境外都有公司，家有一雙兒女，身家頗豐。當他聽到亮銘已經轉行從事財務策劃，就讓他好好研究，回頭給他做個財務策劃方案。

完成問卷後，亮銘便把 L 總的事情告訴了我。

從 2014 年加入保險業以來，我一直在研究針對高淨值客戶的方案，除了閱讀相關的著作，也參加了不少關於法商、信託等等培訓，曾經做過不少年付幾十萬、上百萬港元等金額較大的保單。

聽完 L 總的情況，我直覺認為這是一位億元級別的潛在大客戶。亮銘既興奮又忐忑，剛剛入職就遇到這樣的機會，非常希望有所成就，又怕抓不住機遇，便來找我商量，希望我出面幫他洽談。

▲ 2019 年 7 月，我和剛剛入職的亮銘合照。

12.1.2 把握可能唯一的機會

我立即詢問亮銘：「L 總家裏是甚麼樣的情況？現在有甚麼保險？他最關注的是甚麼？你打算給 L 總推薦怎樣的計劃呢？」

亮銘說：「我給 L 總做問卷時，他說是沒有任何保險的，我打算推薦高端醫療，再加上危疾和儲蓄保險給他們一家。」

他的想法是中規中矩，新人入職時最先接觸的也是這樣的方案，因為這種方案適用性廣，也容易學習。不過，對於

億元級別的客戶來説效用就顯然不夠了。

對於中產家庭的客戶，財務策劃師一般會着重安排合理的保障計劃和具有前瞻性的長期儲蓄規劃；對於高淨值客戶，除了做好保障安排，還需要考慮家族和企業的風險分隔、家族傳承等眾多及複雜的問題。

基於亮銘過去的工作表現，L 總給予他很充分的信任，願意讓他提出財務策劃方案，對於新人來説是非常好的機會。可是，企業家家大業大，工作繁忙，追求效率，他們身邊往往人才眾多，見多識廣，財務策劃師能否準確找到他們的需求、提出建議，一次會面就可以有個判斷。如果過程中找不到他的關注點，沒有體現出相應的專業水準，也很難再有進一步的發展。

有鑒於此，我建議亮銘，無論雙方的關係有多好，要把第一次面談當作唯一的機會來應對。同時也希望他可以借助這次機會，打好自己的職業基礎。於是，我建議他先按自己的想法準備一份方案，並把方案做成一個表格，力求可以一目了然，然後再預備相應的詳細資料，以便需要時可以即時詳細講解。

當時亮銘便準備了一家四口的高端醫療計劃、兩個孩

子 15 萬美元保額的危疾計劃，以及 L 總和太太各一份每年 5 萬美元、繳費五年的儲蓄計劃。接着我又建議亮銘做一份 100 萬美元保額起，能夠做保費融資的大額人壽計劃。

總體而言，這是一份從「全保 + 傳承」作為出發點的準備方案。

鑒於對 L 總的認識不深，實際的家庭經濟狀況、風險薄弱點等都需要面談才可以知曉，所以最重要的是帶上需要的檔案和資料。當時我對設計的保額沒有要求，是因為這個預備方案的目的是用於演示，最終保單的大小還要看會面的情況而隨機應變。

12.2 聞名不如見面

12.2.1 我懂你的擔心

2019 年 8 月初的下午，天下起了濛濛細雨，我和亮銘趕往 L 總香港公司的辦公室。跟我同為 70 後的 L 總很直爽，有着多年打拼的自信。根據慣常的會面流程，我先向 L 總介紹公司、所在團隊，以及自己的背景。作為同樣在上世紀 90 年代畢業的大學生，有不少屬於我們時代的記憶，很快便打開話題。

我和 L 總開門見山説:「我當過十幾年的媒體記者,上至決策層,下至最普通的農民都採訪過,也採訪過很多像您這樣的企業家。我非常清楚,創業是很不容易的,但我們這一代的幸運在於,在大學畢業的 90 年代和 20 世紀初,國家對於新興產業,從中央到地方都有不少的扶持政策,也鼓勵大家創業,湧現出一批民營企業家。您能抓住那些機會,有膽有識,是我們這代人中的佼佼者。

從風險管理和財務策劃的角度看,經過多年發展到現在,您的企業漸趨成熟,但是自己也步入中年,上有老下有小,其實也開始面臨新的問題不得不思考,一旦自己這個家庭支柱碰到甚麼風險,如何保證家人的生活和企業的運轉。另外,現今市場漸趨成熟,企業做大了,經營風險其實也開始加大,國內外經濟形勢都在變化中,如何把自己幾十年奮鬥所得,傳承下去實現『富傳三代』。您現在的企業已經具備相當的規模,在中港兩地都有公司,正是時候進行多元化資產配置。家庭個人健康風險、家企聯繫過密需要進行分隔、企業傳承需要考慮,以上種種都需要合適的財富管理工具進行規劃。

我相信您對這個問題感受最深,所以才會聽到亮銘轉行從事理財策劃時,就讓他幫您考慮了。其實您真是很有眼光,亮銘在您這裏工作過,對於他的能力和人品您肯定是非

常了解，我就不多説。我們這個團隊可以説是全香港乃至亞洲的頂尖團隊，對於客戶的支援和服務都會很到位，完全可以放心交給我們安排。」

12.2.2 全面保障為家庭

分析完作為企業家所面臨的各種風險，我開始和 L 總步入正題。即是，面對這些風險，我們可以幫他做些甚麼？

如預備方案所列，我首先給 L 總介紹「全保」概念，即是涵蓋醫療、危疾、意外、人壽保障、風險儲備金等等的一籃子方案。

以醫療保障為例，一份合適的高端醫療保險，可以保證出門在外時沒有後顧之憂，有需要時在全世界都可以得到優質的醫療服務，另外還有環球緊急援助、第二醫療意見等附加服務，因此相當受高淨值人士歡迎。

重大疾病保障也是一般家庭必備，可是高淨值人士資產雄厚，往往不是很動心。

風險儲備金，對於高淨值家庭來説，就是運用一部分資金購買穩健的大額儲蓄分紅保單。近年香港保險公司因應

市場需求，開發很多不同投資取向的儲蓄分紅保單產品，這類產品允許客戶在需要的時候貸款套現，也可以以退保的方式取回。我們也聽過一些企業家在企業發生經營風險時，取出保險金應急，而平安度過難關的案例，所以這也是進行資產配置比較合適的方式。

上述的切入點 L 總都相當認同，我便一一向他介紹和演繹，尤其是介紹的幾個著名真實案例，令 L 總很有共鳴，初步接受高端醫療及可以作為風險準備金的儲蓄分紅產品。

12.2.3 一個億的小目標

對於企業家們愈來愈看重的傳承，我們可以怎樣做呢？那就是運用大額人壽保單來作為傳承工具。

我和 L 總介紹，以保單方式傳承財富的優勢：

1. 人壽保單有較高的槓桿，能夠以最小的成本防範企業家的個人風險對家庭和企業的影響。
2. 保單自有現金價值，可以作為一筆風險準備金。
3. 保單將來以現金方式賠付，可以省卻需要以資產傳承時的繁瑣過程。
4. 保單會指定受益人，不存在將來賠付的糾紛。

5. 如果做保費融資，則可以充分利用香港低利率的優勢，貸款年利率不到 3%，而且是還息不還本的。本金在保單終結，需要理賠時才會先由保險公司直接劃撥給銀行，其餘的理賠金給付予受益人，經濟收益高，比較划算。

6. 達到一定數額的保單，將來也可以放入信託，實現家族財富的代代相傳。

我對 L 總建議，假如將來兒女不想接手企業，在做好企業架構後，您可以去培養和尋找職業經理人經營。不過如果想穩妥地傳承 1 億元港幣現金給後代，通過我們的大額人壽保單，利用香港低利率的保費融資，可以以很低的成本達到效果。目前在我公司的財富系列產品中，有一款大額美元人壽保單，由 100 萬美元保額起，同時可以通過保費融資擴大保額。

我和 L 總介紹説：「以您 40 出頭的年紀，100 萬美元保額，只需要 30 幾萬美元保費。如果您確實願意拿出 30 萬美元做這樣的保障，通過我們的保費融資，可以把槓桿擴大到約 300 萬美元保額。最關鍵的是，保費融資部分的保費，利率不到 3%，即便按 3% 計，也屬於很低的利率，而且『還息不還本』。您作為企業家，少不了需要各種貸款，您肯定也知道，所有貸款都是要本息一起償還，而且企業貸

款利率往往相當高，年期也都不長，還款壓力不小。」

「哦？！」L 總一聽有這種方式，就非常感興趣，把計劃書拿在手中反復翻閱，隨即自己飛快的算了算賬：「人壽保單的保額將來是肯定會有，這麼算起來就是有確定 10 倍的收益？怎麼會有這麼好的事呢？你們就幫我做這個方案，另外再看看有沒有其他附加條件。」

現場討論過一些細節和疑問後，我們和 L 總敲定了一個初步方案，就是為他安排 900 萬美元保額，太太安排 300 萬美元的相同計劃，另外再為全家人準備高端醫療方案。

走出 L 總辦公室，已差不多是黃昏，不知不覺傾談了四、五個小時。

亮銘很興奮，和我說：「蕾姐，我以為也就能談半個小時呢，沒想到談了一個下午！你向他介紹那些醫療和危疾險的時候，他就說『還行』及『可以考慮』，你一說到大額人壽及『還息不還本』的保單貸款，10 倍的槓桿，我看到他的眼睛一下就亮了。」

12.3 歷時四個月，傳承一個億

12.3.1 一場多部門聯合行動

對於比較複雜的大額融資人壽保單，其健康核保、財務核保都是由公司「財富管理部」安排，而操作保費融資更需要公司財富管理部和銀行多個部門共同協作。與 L 總達成初步共識之後，我先約了財富管理部的同事開會討論了這個方案。

對於大額人壽保單，目前有四種繳費或融資方式：

1. 客戶自付所有保費（Self Pay），只要完成核保後保單即可生效。

2. 保費融資（Premium Financing），由客戶繳付總保費的 30%-35%，簽署保單後，銀行融資餘下約 70% 保費，並由銀行直接給保險公司，利率是 LIBOR + 0.75%，按月浮動。2019 年 8 月的年利率是 3.02%，而過往 30 年最高也沒有超過 4%。同時客戶需要滿足貸款銀行的開戶要求並且開戶，目前公司合作的銀行要求存入 100 萬港幣等值貨幣在銀行，不可取出，而這 100 萬港幣可以選擇銀行推薦的基金產品。這種方式一般需時三週至一個月。

3. 保單抵押（Pledging），由客戶付清所有保費，在銀行開戶，存 100 萬港幣，把保單交銀行抵押作美元貸款，貸出約保費 60% 左右，可取出使用。貸款利率首年 3.375%（含 0.5% 手續費），然後每年 2.875%。隨後可將 100 萬港幣取出，其後每月付 300 港幣賬戶費。這種方式需時約一個半月。

4. 在某私人銀行開戶口，存最低 250 萬美元，需時一至兩個月。客戶需要用這 250 萬美元購買私人銀行平台上的債券（約有 50 種可供選擇），債券在過往的平均年收益在 7%-9%。其後可將其中一半即 125 萬美元作等值瑞士法郎貸款，利率 0.3%-0.5%。然後利用貸款買保單，可以付保單首年退保價值的 30%，其餘 70% 保費可以再作等值瑞士法郎貸款，這部分貸款利率同樣是 0.3%-0.5%。這種方式最為複雜，需時兩至三個月。

　　將幾種方式總結成一個一目了然的表格，這次由亮銘單獨去 L 總那裏介紹。

方式	開戶要求	貸款比例(%)	貸款金額(萬美元)	貸款利息(%)	每年支付利息(美元)	投入本金(萬美元)	需時
保費融資	HKD 1M	65-70	170-190	3.02	5X,XXX	78-92	三週至一個月
保單貸款	HKD 1M(可取出)	60	160	2.875	45,000首年5X,XXX	119	一個半月
私人銀行	USD 2.5M	70	310	0.03-0.05	9,XXX-15,XXX	203	兩至三個月

最後 L 總選擇「保費融資」，並隨後確定 9 月初會來公司簽約。

此時所作方案是 L 總本人，以 200 多萬美元保費作 1,000 萬美元保額的保單，L 總夫人因為是家庭主婦，最多可以作 300 萬美元保額，核算保費為約 61 萬美元。總計 280 多萬美元保費，自己拿出約 35% 保費，即約 90 萬美元，以此取得近 1,300 萬美元保額人壽保障。

12.3.2 核保是個大問題

9 月初，L 總和夫人如期來到公司，順利地簽署保單，並到公司指定銀行開立銀行戶口。開戶時，銀行職員告知我們，當時美元貸款利率為 2.99%，並再次和 L 總確認了保單貸款「還息不還本」。L 總對此很滿意。

隨後開始了最為關鍵的核保歷程。

首先是財務核保。

對於財務核保，公司要求保單持有人提供公司股東證明影印本或營業執照外，還需要相應的財產證明，這可以選擇：

1. 有會計師核數的公司三年審計報告，要核算出年收入不低於「保額／(75 - 現在年齡)」。
2. 與保費相當的資產證明，包括非自住房產、銀行存款月結單、股票債券或公司股權都可以。

第二就是健康核保了。

健康核保內容包括見醫生，以及進行相應的檢驗，比普通保單計劃要複雜，超過 500 萬美元保額的保單還會有加驗項目。

太太做完體檢，並回答一兩個小問題後，不久就傳來了好消息，批單了！核定為優越級別，更比原本的保費下調約 10%！L 總簽署相應的貸款合同，保單很快便批核生效。當時的美元貸款利率已經下降至 2.63%。

另一邊，沒想到的是，L 總本人的核保卻一波三折。

　　首先是財務核保，公司告知會進行商業查冊。另外，因為 L 總的保額比較大，所以要求的財產證明數額較大，原本為簡單快捷起見，他會用內地某處房產作資產證明。然而，因為房產僅在太太的名下，而不被認可為他的資產，所以還是要選擇其他的財務證明。L 總隨後委託會計師提供了公司的審計報告。

　　更複雜的是健康核保。體檢結束幾天，核保要求進行多兩項的檢驗，並要求提交以前的就診紀錄，就高血糖等兩項健康紀錄進行申報。另外 L 總曾因身體不適就醫，也需要對此進行核查。

　　按要求進行核對和申報後，又需要就曾經在中醫門診就醫作出說明。說明後又由於欠缺醫療報告需要補交……

　　幸好在簽署保單之前，我們已經充分溝通，和 L 總說明整個核保流程。在有心理準備下，整個過程 L 總都很配合，也非常有耐心。

　　公司也為這類大額人壽保單提供特別通道，比如為這張單特意指定核保部同事回應問題，而財富管理部同事也會隨時提供協助。

▲ 攝於辦公室榮譽牆前。

12.3.3 加價？一錘定音！

在核保過程中，最讓人關注的是核保級別，在要求補充
健康狀況資料時，核保部曾經預告有機會加價超過 1 倍。

我們所作的，就是溝通、再溝通，不斷根據要求尋找相
應的資料和說明。在遇到問題時，我們自己團隊的同事乃至

老闆 Wave 也提供不少協助，Wave 還曾經親自詢問核保部進度。

歷時差不多四個月，直至 2019 年 12 月中，核保結果終於出來了 —— 批准，但是由於健康原因加價 35%！

加價後，200 多萬美元的保費，原先可以有 1,000 萬美元保額，現在只能給到 600 多萬美元保額。

亮銘很擔心，歷時這麼久，多次跑銀行、跑醫院拿報告，加價的核保結果，L 總能接受嗎？

果然，他和 L 總報告結果後，L 總第一反應是，想要取消自己這張單，再給太太加保。

對於這一點，我和亮銘作了檢討。建議由亮銘和 L 總再溝通一次，最重要的是，回到選擇這個方案的初衷，助他釐清了幾個關鍵點後，亮銘和 L 總進行以下的對話：

「L 總，多謝你，當初你明知我新入行，都願意給我機會，就這一點我十分多謝你。這張單一波三折，你都非常有耐心，一直在配合，我相信，除了你的確有需要外，某程度上都是因為信任我、支持我。其實無論甚麼原因也好，包括

我在內，沒有人願意這張單加價，所以我跟你講的時候，都有些戰戰兢兢的。

不過沒想到，你聽到以後，第一反應並非放棄購買，而是希望取消這張單並改由太太購買。其實我聽到後很感動，雖然你算是初次接觸保險，但你都很有保險意識，很愛家庭，又願意支持我。我相信你想着把這張單加到太太那裏，其實也是從做生意的角度考慮，放到哪裏划算就放到哪裏。對嗎？」

L總：「是呀！」

「如果是這個原因的話，L總，你就更加要堅持把這張單放在你身上。」

L總：「為甚麼？」

「其實很簡單，L總，問你個問題，你估計是男人買人壽貴，還是女人買人壽保險貴？」

L總：「男人吧。」

「為甚麼呢？」

L 總：「因為男人平均壽命低於女人吧。」

「第二個問題，你想是年輕時買貴，還是年紀大時買貴？」

L 總：「當然年紀大會貴，因為理賠會早。」

「沒錯，保險公司根據不同客戶的風險來釐定保費率，是與客戶的實際情況相符的。其實經過一系列的體檢和提交醫療報告，你也清楚自己的健康狀況是甚麼樣的。我可以給你看一下核保紀錄，其實公司先前都提過，這張單有機會加價 1 倍。

你知道我們公司的生意一直都很好，股價一直上升，有不少類似的保單。近半年香港有政治事件，影響到香港的聲譽，對生意有一定影響。現在臨近年底，香港公司也要有個漂亮的成績表交給總公司及股東，所以核保也相對寬鬆。加上我們大團隊的老闆很有影響力，不斷和公司溝通和爭取，所以最後才能只加價 35%，比加價 1 倍划算多了。

L 總，最初你們夫婦一起做大額人壽保險，互相保障對方，都是源於愛。可是如果真是像你現在這樣的想法，把單轉加到你太太名下，如果你將來不在了，你太太一毫子都得

不到：如果你太太過身，你就有一大筆人壽保險金，你太太會怎麼想呢？你怎麼開口跟她講這件事呢？即便你和太太解釋得清清楚楚，你都無法控制她的想法，對嗎？

其實想深一層，今天整個家庭的經濟支柱毫無疑問落在你身上，全家最有賺錢能力的就是你，最需要保障的也就是你。如果不是需要太多手續，又加上這個計劃的優惠期有限，我甚至會鼓勵你加額投保，所以如果你相信我的話，就繼續把保單放在你身上。

不過，關鍵來了，你是打算用原有的保費接受降低保額，還是保住原有保額，多加些保費呢？

雖然總保費增加 35%，接近有 80 多萬美元，但是因為有保費融資，你自己需要額外拿出來的錢並非那麼多，實際只是多了 20 多萬美元，其他的都由銀行貸款給你，而且將來仍是從保險公司的理賠金裏出，現在貸款利息又有所降低，增加的利息也並不多。」

L 總聽了這番話後，最終決定保留原定保額，並願意接受加價。

新年伊始，這場從初次面談開始至結束，歷時近半年的

億元傳承保單終於生效。L 總把在銀行開戶時的 200 萬港幣也交給亮銘管理。

可以説，經過這次投保，L 總的家族辦公室已經初步形成。亮銘也在這半年跟進保單的過程中成長起來，初入職就能拿下億元財富保單，也奠定了他在理財策劃行業的基礎和發展方向。

我也在保單全程的設計、發展、核保、決策中獲益良多。

學習筆記

- ◆ 把初次見面當作唯一的機會，在接見客戶前作最周全的準備。

- ◆ 大客戶關心的問題，大多數是資產安全與傳承。

- ◆ 融資放大人壽保單的槓桿，這筆經濟賬值得仔細算一算。

- ◆ 要讓客戶對複雜的過程有所預期，並作有效的跟進。

成交篇

第十三章 | **100% 成交率不是夢**

Wave Chow

13.1 一次簽單的決心

前述的 11 個個案中，可以看出他們六位都積極進取，膽大心細，沉着應戰，遇事不縮，運用專業知識和財技，把「提升平均額度六個要訣」發揮得淋漓盡致，才能成功簽下大單。相信大家能從中有所得着，只要稍加消化和應用，假以時日，大家一定能簽下自己的大單。

繼平均額度外，大家還記得第一章提到的 TOT 方程式嗎？

業績 = 見客量 X 成交率 X 平均額度

雖然我們保險行業是無中生有的行業，所謂客死客還在，這個不成便下一個吧！但若用這態度對待大客戶，相信

保險界的環保組織會奮起投訴。至於用甚麼心法和方法可令銷售過程更流暢，提高成交率呢？

有一次，一位初出茅廬的新同事進我房，向我請教一些簽單技巧。

「Wave，你現在主力做管理，不再簽單。但聽說你以前做顧問時，成交率有 100%，可否教教我簽單竅門？」

「沒有 100% 那麼誇張，大約 80% 左右吧！」

「已經很厲害。不知為何，我每次見客，成交率都十分低，有些客要見數次。」

「見數次？太多了。這便是你不夠專業、沒有做足準備、見客步驟沒有做好的表現。」

「不會吧！難道每次見客都要一次簽單？」

「一次簽單很難嗎？根據 LIMRA 美國壽險行銷調研協會調查，最多顧問是在見客第二次時成功簽單。那你又猜猜，第二多成功簽單是第幾次見面？」

「第三次？」

「是第一次！之後才是第三次。基本上過了第三次後，見客次數愈多，簽到單的成功率愈低。」

「為甚麼？不是見得愈多，對客了解更深，誠意愈夠嗎？一見面便想着簽單，好像太勢利。而且客戶也可有足夠時間考慮，證明我是真心為他們着想。」

「這只是你一廂情願的想法，大部分客戶不是這樣想的。」

見面愈多　愈顯得不專業

事實上，很多新入行的同事，都會有相同想法。以為見面愈多便愈有誠意，但其實這樣反而暴露了自己的不專業。

舉個例子，大家去找一個師傅度身訂造西裝時，預期要到師傅店舖多少次，才可以拿到西裝？正常是第一次去度身，第二次試身，第三次便可拿到。如果要試幾次身，客戶反而會覺得麻煩，亦會認為這西裝師傅功力不夠，或是他太大意遺失了客戶的資料等等，總之是在客戶心裏留下了壞印象。

做壽司亦如是，傳統上要用三手便要握好一件壽司。如果太多手，人體體溫便會影響魚生的鮮味，所以被稱得上壽司殿堂級師傅，都是用最短時間、最少手數完成一件不會鬆散，大小適中的壽司，用多於三手完成壽司的師傅，只會被視為實力不足或是新手。

說回保險行業，是否很多客戶都對保險產品十分有興趣，很喜歡聽你介紹保險計劃？答案並不是。很多客戶只想解決其問題，想有人為他們理財，但根本沒有時間去研究金融產品，所以要靠理財顧問去為客戶度身訂造方案。所以一個顧問拖得愈久，不斷反覆向客戶介紹不同的產品，反而是折磨客戶，亦會讓客戶覺得你不專業，未能了解他們所需，找不到合適他們的方案。

我那位新同事聽完後，隨即恍然大悟，然後雀躍地問：「那我如何可以做到見客一次或兩次便成功簽單？」

其實要一次簽單，只要謹記以下三點。第一是心態，每次見客一定要以一次簽單作為目標，萬一失敗還可以第二次補中。雖然現實裏，就像前述那 11 個個案，大部分因為客觀因素而不能一次簽單，而且始終有些客戶是需要時間了解及消化內容的，但假如每次心裏也想着還有下一次機會，即場簽單的成功率便會大減。

13.2 上善若水 —— 16 種客戶的必勝攻略

其次要「上善若水 Be Water」。為甚麼同一行業和公司的銷售員，業績可以差天共地？我發現很多銷售員也是以己度人，他們深受「己所欲、施於人」的影響。故經常把自己喜歡的那一套，將心比心，灌輸給客戶。但我肯定的告訴大家，這是大錯特錯的！例如：「你喜歡吃辣，我也一定喜歡嗎？」「你不喜歡這女孩，難道就不是我杯茶？」

常言道：「百貨應百客。」面對不同的客戶，首先要知彼知己，了解客戶的性格，採用合適的攻略，絕不能「一式走天涯」。根據我多年經驗，我發覺銷售或服務的方向比話術更重要，因此我整理出 16 種客戶的必勝攻略，與大家逐一分享。

第一式：生客買禮貌

朋友不是一出生就有的，所有你身邊的朋友也是從陌生人開始變成的。為甚麼有些人可以變成知心友，但有些人過後就忘記名字呢？主要原因是有沒有給予對方良好的第一印象。所謂「第一」印象，就說明一生人只有一次機會。有行為心理學家說過第一印象，取決於初見面的首 7 秒，這 7 秒更決定了客戶購買與否的七成。故要時刻裝備，否則你可能要用 N 倍努力去為自己「洗底」。那如何建立一個良好

的第一印象呢？答案就是禮！

所謂禮多人不怪，禮貌不單指對人時的禮數和禮貌，還包括你的形象和言行舉止。如果你說話大方得體，可惜頭髮不修邊幅，衣著配搭古古怪怪，形象猶如流氓一樣；又或是你打扮端莊整潔，外表與高級行政人員無異，但一開口就粗言穢語，試問一個生客又怎會相信你呢？

第二式：熟客買熱情

我還記得小時候，外祖父很喜歡帶我到太子的鳳城酒家飲茶。當踏入門口，從知客、樓面到部長，均像老朋友般，熱情地向外祖父打招呼。他們每次也是說：「你那張枱留了給你，茶是否照舊？」。我心想他何時有張枱放在酒樓？長大後便知道，這就是所謂客戶關係管理（Customer Relationship Management，CRM）。

不少客戶也是向從事理財顧問的朋友投保。有些理財顧問平時和朋友吃喝玩樂，會玩得很瘋癲，可是一談保險，卻忽然變得十分正經，客戶感覺像面對着一位陌生人。明明向相熟朋友推銷是一種 Warm Call，但你的銷售態度卻很 Cold，簡直和酒樓例子相反。試想想若你這麼見外，你的相熟朋友何必找你？當你與客戶出現隔膜，簽單的成功率便大大降低。

真正的銷售高手是可以令 Cold Call 也變得 Warm，他們懂得用共同興趣入題，以開放式問題去打開話匣子，令氣氛變得愉快，從而將客戶的距離拉近。所以大家面對熟客時一定要保持着朋友的熱情，用以往一起吃喝玩樂的態度去聊天，風花雪月一番後才展開銷售，這就是所謂的「破冰」。「破冰」未完成，千萬別急着談生意。如果處理不好，輕則簽不成單，重則損害友誼，切記！

第三式：急客買效率

有些客戶性子急，如果你稍遲回覆，他會覺得你動作太慢。又有些人永遠等到有需要時，或是最後一刻才會找你，最常見就是買旅遊保，離港前一天才找你投保還算好，更多的是去機場途中才找你。若你發覺客戶語速較快，聲調較高較尖，為人缺乏耐性，便很有可能屬急客一類。

要奪得急客芳心，便要向周星馳電影《功夫》學習——「天下武功皆可破，唯快不破」。只要你手腳快、效率高，客戶來電或短訊你不用 5 秒便接聽或回覆，查詢或有訴求時，你只要在服務承諾的一半時間內完成便會加分。按時完成才只是僅僅合格，不會加分或減分，但遲完成便「死硬」。所以服務這類客戶除了工作效率要高，還要令他感覺你快人一步。簡單來說，就是期望管理（Expectation Management）。一開始報大一點完成時間，你便較容易在

服務承諾的一半時間內完成，那加分又有何難？

第四式：慢客買耐心

與急客相反，有一類客戶喜歡慢，不但反應慢，說話慢，做決定也很慢。他們除了怕做錯決定外，還享受那份閒情逸致。有時候你電話留言給他們，要數日後才獲回覆。遇上慢客，大家一定要展現出耐心，交流時配合他們的語速和語調，建立親和力便成交了一半。

雖然慢客不能過度催逼，但無了期等待回覆也不是辦法，所以若然慢客說要回家考慮，便給他們合理考慮時間，再加上一個回覆限期，屆時你便奉旨追他們了。經驗告訴我，他們回家後，大多數人根本沒有考慮過，便在限期時回覆你 OK。

第五式：有錢買尊貴

很多保險從業員都有一個誤解，以為所有顧客必定喜歡「平靚正」、有優惠的計劃，總覺得保費稍貴便會嚇跑客戶。但其實對着有錢人用這角度去銷售，就正正會碰上大壁。

因為站在有錢人立場，是不會計較保費是多是少，他們要的是一種尊貴的優越感。就像美國運通（AE）黑卡「Centurion Card」一向被視為神秘的身份象徵，單是年費也

要數萬港元，並不公開接受申請，獲邀條件神秘；簽賬無上限，設專屬客戶經理等。正因為並非人人可申請，有錢人都以擁有黑卡為身份地位的象徵。你向他推銷一張普通信用卡，就算免年費，又或贈送的禮品如何好，他們只會嗤之以鼻。

有一次我認識了一位有錢的新朋友，當他知道我從事保險後，便表示別的公司一位顧問曾向他推介一款王牌儲蓄計劃。話明王牌當然不差，但我只用了兩句說話便把這大客拿下。究竟我說了甚麼呢？

「這計劃我們公司也有類似的，你有興趣我可以給你介紹。不過這計劃是一般人甚至好基層的人都買得到，2,000港元一個月便可入場。反而我公司有一個計劃好『巴閉』，不是人人也可買，最少要投入 100 萬美元，還要經過嚴格審批才可參加。」

「甚麼？有趣！有趣！說來聽聽。」

有些顧問推介高端醫療保險給客戶時，想替客戶節省保費，便選一個有墊底費的版本，再加一個較便宜的普通住院計劃用來賠償墊底費部分。本意是很好，為客戶着想，但某些有錢客戶便會覺得這樣做太麻煩又小家，寧願付多些保

費，購買零墊底費版本的計劃。所以，大家需要了解有錢人心態，他們要的是尊貴，價格絕非其首要考慮。

第六式：沒錢買實惠

這個世界上，有錢人只佔少數。根據瑞士信貸銀行發表的《2019 全球財富報告》，世界上最富有的 1% 人掌握了全球約 44% 財富，唯財富少於 1 萬美元的人，佔全球人口達 56.6%。這說明甚麼？大家遇到平民的機會率，比遇到有錢人的高很多。

遇上沒太多錢的客戶，千萬不要嫌棄，因為他們有機會介紹其他客戶給你。而且他這一刻沒錢，不代表將來也沒錢，他們有機會升職加薪，十年後可能是另一個馬雲。對於沒錢客來說，你強調便宜未必是最有效，因為你不是在推銷服務或產品，你是在 Sell Cheap，而且在一般人眼中「便宜沒有好的」。其實他們最想要的是性價比高、實惠的產品或服務。要說服他們，最好事前多做功課，比較市場上同類型產品，在比較表上強調你的強項及賣點，用客觀事實來證明你推介的產品是「物超所值」。

第七式：潮人買新穎

有些人會緊貼潮流，經常留意今期流行的人和事，一有新產品推出，會第一時間搶先購買、搶先試食或試用。可能

他們是出於貪新鮮的性格，想了解新出的產品是甚麼一回事，質素怎麼樣。也有可能是因為他們搶先購買後，便可以跟別人分享用後感，炫耀一番。

所以當遇上潮客，我們一定要推介最新的產品或服務給他們，力數新在甚麼地方，強調現在還很少人知道和擁有。例如早前香港某保險公司新推出的儲蓄保險，新增了轉換名（受保人）功能，有機會令保單生效二、三百年，把財富一代一代傳承下去。又例如用保費融資（Premium Financing）入題，問客戶：「用孖展（Margin）買股票就聽得多，用孖展買保險你聽過嗎？」他們在好奇之下，便會想跟你了解多點，成功的機會率就會提高。若自己的公司最近沒有新產品或服務推出，也要「舊馬當新馬銷」。想深一層這產品可能上市一段日子，在市場上功能比較舊，但也是公司最新的，所以也沒有說謊。

第八式：豪客買仗義

這裏所指的是豪氣、豪情的客戶。有錢人並不一定是豪客，因為有些人可能擁有很多財富，但一毛不拔。有些人身家不多，但對朋友有情有義，只要朋友需要幫忙，很多時都兩脇插刀，在所不辭。常言道：「仗義每多屠狗輩」，就是我指的豪客。

不知道大家見客時，有沒有遇過以下情況。

「不如我先向你解釋這份保單細節。」

「我信得過你的，簽名簽在哪裏？」

「我有責任向你講解保單條款，如果不講解，當遇有爭議時，我怕失去你這朋友。」

「真麻煩！」

豪客幫你買單，很多時都是出於仗義，他們最重視就是互相支持。當我還是新人的時候，我跟一個大學同學推銷保單，那同學很爽快地答應購買，但一定要月供。無論我怎樣解釋年供有哪些優點，他都堅持月供。最後我坦誠說：「其實我正在業績比賽期，月供只可計一份業績，半年供可計兩份，年供便可計四份，能否江湖救急，選年供或半年供？」他聽完後隨即說：「你早說啦，半年供吧！」原來就是這樣簡單，如果我早一點洞悉這套銷售技巧，知道他屬於豪客類，那我就節省不少時間及唇舌了。

第九式：小氣買優惠

這裏說的小氣並不是指氣量小、記仇的人，而是大氣的

相反詞，即是一些較為計較，喜歡小便宜的人。遇上這類客戶，最適宜採取優惠攻勢，優惠愈珍貴、愈是機會難逢，他們購買的意欲便愈高。

事實上，很多公司不時會推出優惠吸引客戶，如果你發現客戶屬於小氣人士，便要好好利用這些優惠，跟他們說：「我們公司有百年一遇的優惠。」為甚麼是百年一遇？因為很多國家的領導人也說 2020 年這場是世紀瘟疫（COVID-19），再加上香港去年的政治事件影響，大部分行業也在水深火熱之中，此時不優惠更待何時？

在客戶角度，他們並不知道之前貴公司推出過甚麼優惠，是否真的「百年未見、千載難逢」，只有我們知道，所以交易能否成功，關鍵就在於各位如何演繹這優惠。我們必須帶着熱情與興奮介紹這優惠，彷彿他現在不買便走寶，下次便不會再有如此大的優惠。而最難的地方在於，就算你已長期推廣這優惠，你仍然要表現得像剛剛推出優惠般興奮，讓客戶覺得他是第一個知悉這優惠的，簽單成功率自然更高。所以有空便對着鏡子練習一下，怪不得有人說推銷員和演員的分別也不大。

第十式：勢利買貪婪

小氣與勢利略有不同，前者比起實際金錢利益，更看重

優惠感覺，收到甜頭便會鳴金收兵；後者則要真利益，有機會貪得無厭，得隴望蜀。想做勢利客戶的生意，便要滿足他們的貪婪，很多時做成生意也無利潤可言。由於我們做保險可以自由選擇客戶，所以我對他們避之則吉，無甚麼可與大家分享。

第十一式：享受買服務

世界上有很多享受型的客戶，價錢不是他們所關注，但千萬別煩到他們。對於這一類客戶，我們要特別注意服務質素，平時也要多留意客戶的日常喜好及生活細節，服務做到殘廢餐的程度就對極了。

早前我邀請了一位友好同事分享他對客戶服務的心得，其中一段我十分深刻，覺得他做得十分好。我們平日會經常收到公司很多小禮物，有些人覺得未必有用，不介意轉贈他人。那位同事便向這些同事收集小禮品，他其中收集到幾件禮品，有英格蘭球隊的球衣、印有商標的水壺、徽章、不織布袋等等……他化零為整，包裝成全套英格蘭球隊紀念品，然後轉贈予一名英格蘭超級球迷客戶。客戶收到這份禮物後，那種歡喜絕對難以言喻，彼此關係亦大大提升。我們要做到的服務，就是要如此細緻。

第十二式：虛榮買榮譽

有一天，有位人士在網上 Cold Call 我買單，由於考慮到我自躍升為資深區域總監後，大部分時間都放在團隊管理和服務現有客戶上，已很少做前線銷售或服務新客戶，故我提議由我旗下一位富經驗、專業的同事去服務他。可是他卻無論如何，指名要我服務他，否則便不買。

當然我很感謝他對我的信任和欣賞，但老實說，我跟這位人士素昧平生，也未曾會面，暫時還談不上朋友，為甚麼非我不買呢？我思前想後，其中一個可能性是他不單是買一份保單，還要買一份榮譽。

對他來說，價格、服務質素、買甚麼可能也不是很重要，最重要的是由高層或名人來服務他。筆者雖說不上是名人，但畢竟在保險業廿多年，日子有功，也累積了一點知名度，加上我持續在報章及雜誌撰寫專欄，又曾出版兩本書，也算半個公眾人物。客戶可能是看重這一點，希望由一位具知名度的高層為他服務。

面對虛榮的客戶，要知道他們不是要實質的利益，而是那份虛無縹緲的榮譽。他們買衣服或手袋一定買名牌，還特別喜歡商標大大的放在當眼處的款式，生怕別人認不出是名牌。要知道這一類客戶消費的目的，是要威，要一份榮譽。

第十三式：挑剔買細節

有一些客戶觀察力很強，為人挑剔，他們的要求很嚴格，不容許有任何錯誤。對着挑剔的客戶，我們便要打醒十二分精神，在細節上下功夫。細節做得好，他們便很信任你，但稍一出錯便會打破他們對你的信任。

記得某年夏天，我在跑馬地 Amigo 餐廳為同事們慶祝生日，飯後取車時，發現車已停泊在餐廳正門口等我。原來結賬時，服務員已通知泊車員把車駛來，免我費時等候。當我準備上車時，發現車窗竟全部打開，這時泊車員解釋因為我的車在夏天中午暴曬兩小時，車廂內已很悶熱，故他提前把車窗全打開降溫，免得我上車時不適。這不單是一個把細節做好的例子，更是一個貼心、有溫度的服務，怪不得這餐廳超過半世紀仍屹立不倒。

若是前線銷售員，見客時一定要早到，遲到絕對是大忌，你的儀容及衣着由頭到腳必須一絲不苟，整齊整潔，配襯合宜。你要熟悉所賣的產品和服務，講解時要流暢，當客戶有任何問題，要應付自如。做任何事都有交帶，總之簽單成與敗，全取決於你的細節是否能做到一絲不苟，達到無可挑剔的水平。

第十四式：猶豫買保障

有一類客戶會考慮多多，做決定時猶豫不決，你叫他買單，他們會說：「我想回家再想一想。」下次出來時又要回家問家人，如此下去將沒完沒了。

他們之所以會拖拖拉拉，拿不定主意，主要原因是缺乏安全感，生怕做錯決定，尤其是在他們不熟悉的領域就更拖拉。在此情況下，你必須給他們保障，安他們的心。大家可以從三方面入手，一是分享你自己和公司的資歷，例如入行多少年、拿過甚麼獎項、曾服務過多少位客戶，當中不乏知識分子如律師、醫生等專業人士，從來只有表揚沒有投訴，這些信息都可建立起他對你的信心。另外介紹公司時，更要讓他知道公司歷史多悠久、資金實力如何雄厚、客戶有多少等等……

第二，如果你們有共同朋友，最好也說出來：「某某也跟我買單，你可以問問他的意見，做一個參考。」當然大前提是你對自己的服務有信心，否則只會適得其反。當他們發現有熟悉的朋友也幫你買單，基於羊羣心理，便會更覺保障。

最後強調冷靜期，例如：香港保險有 21 日冷靜期，買家電 7 日內有壞包換等，這些就更要讓他知道，他今天所做的抉擇是沒有風險的。

第十五式：隨和買認同

有些人嘴邊會經常說「沒所謂」、「沒意見」，這類人就是典型的隨和型客戶。因為他們怕得失朋友，所以不敢表達自己的意見，公開投票時也會選擇投棄權票，別人說甚麼都會附和。慢慢地，他們在羣眾中會變得不起眼，變成被忽略的一羣。但其實，他們最需要的就是認同。

人人都有自己的思想，只是隨和的人不敢表達出來，如果有人認同他們，贊同他們的意見，他們就像發現知音人一樣，會十分珍惜跟你的關係。所以大家面對隨和的客戶，不妨做一個聆聽者，多讓客戶發表自己意見，認同他們，助他們找回自己。

第十六式：善良買包容

最後一種是善良的客戶。他們相信世上「人之初、性本善」，喜歡大愛無疆，他們想要一個和諧的世界。例如你在餐廳內點了餐，發現送上來的食物還未熟透，你想向職員投訴，但善良朋友會說：「這應該還可以吃的。」又或是你發現有同事偷懶，將工作全推給其他同事，你看不過眼想向上司反映，善良朋友會勸說可能偷懶同事另有苦衷。

這種善良客戶最不喜歡便是投訴和衝突，如果你在社交網絡上經常罵神罵鬼，像審判官般經常論斷他人，便一定得

不到其認同。所以如果你發現客戶是屬於這類人，一定要展現包容的態度。你愈包容大愛，他們便愈欣賞你，更易取得他們的信任。

一口氣為大家分享了 16 種客戶攻略，不知大家看的時候，腦內有沒有浮現一些面孔？

《孫子兵法》有云：「知己知彼，百戰不殆。」其實很多客戶購買不是因為他充分了解產品或服務，而是他覺得充分被了解。銷售產品無疑重要，但了解客戶就更重要。只要知道客戶屬於上述哪一種，便很容易制定出合適攻略，奪得客戶芳心，那距離一次簽單又近一步。

13.3 六個一次簽單關鍵問題

要做到一次簽單，除了要有一次簽單的決心，上善若水的攻略，也要「以終為始」，即是要逆向思維，以結果去鋪排整個銷售程序。例如我們要問：「如何可以令客戶在今日簽單？」而不是由起點開始想：「我今日可以如何賣得出這張保單呢？」

至於怎樣能做到逆向思維，令客戶即日簽單呢？方法是見客前，詢問自己以下六個問題。如果你答得出答案，證

明你已準備就緒，不會遇到任何異議。因為我相信「無敵的 Presentation 是不會有 Objection」。

問題一：客戶為何要買？

基本答案是客戶需要和想要，其次便是優惠和支持。但他需要甚麼呢？如果你連客戶為何買單都答不出，證明你對客戶的了解依然不深，你不知他表面需要甚麼，潛藏的需要是甚麼，有甚麼他最關心的。試問這樣又如何能給他一個購買的理由？如你硬銷，異議必多，客戶亦會因此留下壞印象。如果你真的答不出來，還是乖乖用心跟客戶溝通吧！

問題二：為甚麼要買這個計劃？

客戶雖然有買保單需要，但這麼多保險產品，他為何一定要買這個計劃？若你回答他需要人壽計劃的原因是他沒有人壽保險，那我肯定你一定需要大象，因為你家裏也沒有。所以你必須了解推介的產品的特性，不單你知道，講解時你還要讓他知道。不是要你把這計劃説得天花亂墜，天下無敵，而是你起碼要清晰説明這個產品的特點如何滿足客戶的需要。若你能運用「上善若水」照顧他的感受，那就完美了。

問題三：為甚麼是這個保額？

很多時，理財顧問會以客戶給的預算，將價就貨，來訂

定保額。在一般客戶的處理上，這是常用及有效的方法，因為客戶的錢不多，故要在理想與現實之間平衡一下。但在高端客戶身上就未必通用，因為他們缺的不是錢，缺的是一個理由。為甚麼是這個保額？為甚麼不多一點？為甚麼不少一點？其中一個方法是利用全保理財分析工具，根據客戶的收入、支出、資產、負債、家庭狀況、理財目標等資料分析，然後向客戶解釋起碼要這個保額才能解決他的問題。如此一來，客戶覺得你專業之餘，亦可做到你想要的業績。

問題四：為甚麼是這個預算？

如果推介的是住院保險，保費基本上與客戶性別、年齡和病歷掛鉤。例如 35 歲男士購買住院保險，保險公司一定是收取這個保費，客戶只能選擇買與不買，沒有講價餘地。

但儲蓄類或投資類的產品則沒有明顯的定價，客戶可以隨時買多一些或買少一些，這完全視乎客戶意願。客戶不缺錢，更不希望被人當作羊牯打劫，所以你一定要讓客戶明白，這個預算是最低消費，才能在指定時間內實現他的理財目標。

問題五：他為何要跟你買？

全世界有這麼多理財顧問，為甚麼這客戶一定要跟你買呢？關係？專業？服務？資歷？高級？你是 MDRT？IDA？

每位顧問對每位客戶的答案也不一樣，若你連這問題的答案也沒有，我也幫不了你。儘管你現在甚麼也不是，甚麼也沒有，你也要有自信，能夠比全世界所有顧問提供更佳的服務給那個他。就好像電視劇常見的橋段，窮男主與富二代一起追求同一個女孩，從單向的角度看，窮男主唯一的本錢是深信自己是全世界最愛女主的人，一定可以給她幸福。

我初入行時，爬山認識了同行的一位女博士，一週後我約她談保險，在電話裏她不斷拒絕我，但最後也被我成功約見。見面後，我按步驟一步一步帶進成交環節，她問道：「Wave，其實我們只是認識一週，今天只是我們第二次見面，為甚麼我要信你？」

我認真又自信地説：「其實你不用信我，你只需信你自己的眼光！」

然後女博士一邊狂笑，一邊簽名。

問題六：為甚麼要現在買？

最後一個問題，是直接影響你能否一次簽單的關鍵，為甚麼不遲一點買，一定要這刻買呢？不少客戶在聽完你講解產品後，都會説：「回家再詳細看看，遲些覆你。」如果你沒有準備一個現在要買的理由，很多時就此放走了客戶，到下

一次你再約他出來簽單時，又要重新講解一遍，費時失事。更差的情況是，有些客「一去不回頭」，已經不能再約出來。

所以這問題的答案，一定要準備好。理由可以有很多，可能是產品加價或停賣，可能是保險公司有優惠，可能是客戶境況上的需要等等。最好同時預備多個答案，當一個答案行不通時，還有第二及第三個補上，盡可能做到即場簽單，別拖到下一次。因為見客次數愈多，簽單的成功率就愈低。除這些外，我準備了一個標準答案在口袋，隨時與客戶分享。

「陳先生，你知不知道何時買保險最划算？」

「就是死亡、意外、生病前，把你全副身家買就划算？你同意嗎？」

「但你知道何時出事嗎？」

「放眼世界，又有幾人可以預測到『生老病死』的準確時間？如果你不知道何時出事，記住，投保的最佳時間是出生後 14 天。這時候買，保費最便宜，且受保時間亦最長！但如果你錯過了這個最佳時間，甚至至今也未買，那第二最佳投保時間就是現在！」

◆ 要有一次簽單的決心。

◆ 上善若水 —— 16 種客戶的必勝攻略：
生客買禮貌、熟客買熱情、急客買效率、慢客買
耐心、有錢買尊貴、沒錢買實惠、潮人買新穎、
豪客買仗義、小氣買優惠、勢利買貪婪、享受買
服務、虛榮買榮譽、挑剔買細節、猶豫買保障、
隨和買認同、善良買包容

◆ **六個一次簽單關鍵問題：**一 . 客戶為何要買？
二 . 為甚麼要買這個計劃？
三 . 為甚麼是這個保額？
四 . 為甚麼是這個預算？
五 . 他為何要跟你買？
六 . 為甚麼要現在買？

總結

　　上一章末的六個問題就算客戶沒有問出口，但心裏必定會有這些疑問，所以在見客前，必須先想好這六個問題的答案。然後，在見客及客戶提出問題前，你率先把這些答案演繹一次，客戶便會覺得你十分了解他們所需，一次簽單機率自然大增。

　　事實上，上述的簽單心態及逆向思維技巧，並不限於保險銷售，很多服務性行業包括店舖銷售員、市場推廣、地產經紀、專業顧問等等，都可以用得着。記着，我們是要替客戶解決問題，而非製造問題；要替他們節省時間，而不是浪費大家時間。

　　總括而言，想要提升業績便要謹記 TOT 方程式，努力見人提升見客量，以一次簽單的決心，運用上善若水攻略和好好準備六個一次簽單關鍵問題的答案，提升成交率。最後，結合六個要訣和 11 個個案的經驗提升平均額度，當作好這些步驟後，再配合我舊作《銷魂》的基本功，相信大家

必定可水到渠成，大單接踵而至。

　　感謝大家支持《大單》，看完《大單》，也祝福大家身體健康，天天簽大單！